초등 수학
문해력이 답이다

초등 수학 문해력이 답이다

초판 1쇄 발행 2022년 3월 31일

지은이 박재찬
펴낸이 김선준

기획편집 서선행(sun@forestbooks.co.kr) **편집2팀** 배윤주 **디자인** 엄재선
마케팅 권두리, 신동빈 **홍보** 조아란, 이은정, 유채원, 권희, 유준상
경영지원 송현주, 권송이

펴낸곳 ㈜콘텐츠그룹 포레스트 **출판등록** 2021년 4월 16일 제2021-000079호
주소 서울시 영등포구 여의대로 108 파크원타워1 28층
전화 02) 332-5855 **팩스** 070) 4170-4865
홈페이지 www.forestbooks.co.kr **이메일** forest@forestbooks.co.kr
종이 (주)월드페이퍼 **인쇄** 더블비 **제본** 책공감

ISBN 979-11-91347-76-0 (03590)

㈜콘텐츠그룹 포레스트는 독자 여러분의 책에 관한 아이디어와 원고 투고를 기다리고 있습니다. 책 출간을 원하시는 분은 이메일 writer@forestbooks.co.kr로 간단한 개요와 취지, 연락처 등을 보내주세요. '독자의 꿈이 이뤄지는 숲, 포레스트'에서 작가의 꿈을 이루세요.

수학이 어려운 엄마들을 위한 단단한 수학 로드맵

초등 수학

$$x + 25 = y$$
$$6 \times 2 = 12$$
$$a^2 + b^2 = c^2$$

문해력이 답이다

박재찬 지음

포레스트북스

수학은 어떻게 공부해야 할까요?

"엄마, 수학을 왜 배워야 해요?"

"선생님, 수학을 왜 배워야 해요?"

초등학교 3~4학년쯤 되면 아이들은 대개 왜 수학을 배워야 하는지 묻기 시작합니다. 수년간 초등학교에서 아이들을 가르치면서 왜 수학을 배워야 하는지를 묻는 아이들을 수도 없이 만나왔습니다. 복잡한 수식으로 된 수학 문제를 보다 보면 이걸 왜 배워야 하는지 의문이 드는 게 당연합니다. 수학은 배워서 써먹을 데도 없어 보이는데 어렵기까지 하니까요. 아이들이 그렇게 물을 때마다 현직 교사들은 어떻게 대답하는지 궁금하지 않으세요? 사실 저는 이 질문을 들을 때마다 대답을 피했습니다. 어떤 포장지를 쓰더라도 아이들을 이해시키기 어렵다고 생각했거든요.

"배워놓으면 나중에 쓸 일이 있을 거야."
"수학을 잘하면 다른 공부도 잘하게 되니까."
"수학을 배우면 사고력, 문제해결력, 창의력이 생기니까."
"수학이 중요하니까 전 세계인들이 배우는 거지."
"수학은 가장 기본적인 학문이야. 그래서 아주 먼 옛날부터 쭉 배워온 거야."

이런 대답을 한다고 아이들 입에서 "아! 그래서 수학을 배워야 하는구나"라는 착한 대사가 나오지 않는다는 건 다들 아시죠? 수학을 배워두면 똑똑해지고 나중에 쓸 데가 있을 거라는 사탕발림으로는 학생들을 설득할 수 없습니다. 요즘 초등학생들이 어떤 애들인데 그 정도에 넘어가겠습니까.

차라리 "수학을 왜 배워야 하냐고? 엄마도 몰라. 근데 수학을 잘하거나 많이 배운 사람들은 다들 수학을 공부해야 한다고 하던데?" 정도의 응답이 아이에게 스스로 생각할 여운도 주고 적당히 빠져나갈 구멍도 만들어줍니다. 이런 대답을 들은 아이들은 보통 이렇게 생각을 연결하거든요. "수학을 잘하거나 많이 배운 사람들은 왜 수학을 공부해야 한다고 할까? 그 사람들만 아는 중요하거나 좋은 뭔가가 있는 걸까? 수학을 모르는 사람들은 이해하지 못할 비밀 같은 거."

수학을 배워봐야 수학을 배워야 하는 이유를 알 수 있다

'수학을 배우면 사고력이 생긴다, 문제해결력이 길러진다, 창의력이 생긴다'는 말은 많이 들어보셨을 거예요. 이 말은 실제 학습과학 분야의 연구로 증명된 사실이기도 합니다. 그런데 이 모든 것은 수학을 배움으로써 얻을 수 있는 외재적 가치입니다. 수학이라는 학문의 바깥에 있는 '이유'죠.

왜 우리는 수학을 배워야 하는 이유로 외재적 가치를 끌어올까요? 그 이유는 사람들이 익히 알고 있는 게 외재적 가치이기 때문입니다. 많은 사람이 공감할 수 있는 외재적 가치를 가져와 수학이라는 학문이 가진 가치를 설명하는 것이죠. 이 말을 바꿔 말하면 수학의 내재적 가치를 알고 있는 사람이 얼마 되지 않을 뿐더러 내재적 가치를 말해주더라도 공감이 되지 않기 때문에 설득이 안 된다는 말입니다.

　수학은 외재적 가치뿐만 아니라 내재적 가치도 가지고 있습니다. 오랜 시간 고민하던 문제를 풀어냈을 때 느끼는 희열, 문제를 풀어낼 수 있는 다른 방법을 발견해냈을 때 맛보는 짜릿함, 복잡해 보이는 문제를 아주 단순하게 풀어내는 수식의 아름다움, 이런 것들이 수학이 가지는 내재적 가치들입니다.

　우리 아이가 "엄마, 수학을 왜 배워야 해요?"라고 물었을 때 "안 풀리던 문제를 풀어냈을 때 느낄 수 있는 짜릿함을 느끼기 위해 수학을 배우는 거야"라고 대답한다면 아이는 어떤 표정을 지을까요? 상상이 되겠지만, 직접 한번 해보세요. 그리고 아이가 어떤 표정을 짓는지 찬찬히 살펴보세요. (웃음)

　수학의 내재적 가치를 깨닫기 위한 유일한 방법은 수학을 배우는 것입니다. 수학을 배운 뒤에야 수학이라는 학문이 가진 진정한 가치를 깨달을 수 있습니다. 이 가치를 느껴야만 수학과 사랑에 빠질 수 있어요. 아이가 수학과 사랑에 빠지게 되면 "어떻게 하면 우리 아이의 수학 성적을 올릴 수 있을까?" 같은 질문은 할 필요가 없게 됩니다.

수학을 어떻게 공부해야 할까?

　수학의 내재적 가치를 알기 위해서는 수학을 공부하는 방법을 알아야 합니다. 의외로 많은 학생이 수학을 공부하는 방법을 모릅니다. 교사나 학부모들도 수학을 어떻게 가르쳐야 할지 막막해하는 경우가 많고요.

　이 책은 초등학생들의 수학 공부에 관한 이야기를 담고 있습니다. "수학을 어떻게 공부해야 할까?"라는 고민을 지닌 학생, 학부모, 교사들이 환영할 만한 내용이죠. 그렇다고 해서 우리가 익히 알고 있는 "연산 문제를 많이 풀어라", "선생님의 개념 설명을 귀 기울여 들어라", "오답 노트를 써라" 같은 고전적인 이야기만 하진 않습니다. 가정이나 교실에서 오늘 바로 적용할 수 있는 조금 더 현실적이고 실제적인 이야기를 담으려고 노력했거든요.

　예를 들어 문제를 제대로 읽는다는 건 어떻게 읽는 것인지, 서술형 수학 문제를 풀 때 절대로 해서는 안 되는 건 무엇인지, 서로 가르치면서 공부하면 어떤 장점이 있는지, 어떻게 문제를 만들어보며 공부한다는 것인지, 집중력 있게 공부하는 방법은 무엇인지, 겁먹지 않고 서술형 문제를 풀어낼 수 있는 방법은 무엇인지 등에 관한 이야기를 10년이 훌쩍 넘는 시간 동안 현장에서 아이들과 함께한 생생한 경험담에서 나온 구체적인 사례와 함께 꾹꾹 눌러 담았습니다.

이 책을 잘 읽고, 아이와 함께 실천해보며 수학을 배우는 방법을 알려주세요. 다만 당부할 것은, 수학을 배우는 것보다 중요한 건 수학을 배우는 방법을 익히는 것이라는 점입니다. 그래야만 부모와 선생님이 함께하지 않더라도 아이가 자기 주도적으로 수학을 공부할 수 있습니다.

이런 당부를 드리는 이유는 제가 가지고 있는 한 가지 믿음 때문입니다. 강연에서 한 학부모가 제게 물었습니다. "선생님께서 아이들에게 가르쳐주고 싶은 걸 딱 하나만 꼽아야 한다면 어떤 과목을 고르실 건가요? 국어? 수학? 코딩?" 저는 이렇게 대답했습니다. "제가 아이들에게 가르쳐주고 싶은 건 '학습 방법의 학습(learn how to learn)'입니다. 어떻게 학습해가는지를 학습하는 것, 이것만큼 우리 아이들에게 필요한 건 없다고 생각합니다."

이 원칙은 수학에도 예외 없이 적용됩니다. 수학을 학습하는 방법을 학습하는 것, 다시 말해 수학을 공부하는 방법을 터득하게 된다면, 앞으로의 수학 공부는 걱정할 필요가 없을 것입니다. 이 책 속의 모든 내용은 '학습 방법의 학습'을 염두하며 쓰였습니다.

아는 것은 힘이 아니다

'아는 것이 힘이다'는 말을 들어보셨죠? 우리에게도 익숙한 문장이지만 서양 사람들도 즐겨 사용하는 문장입니다. 영국의 철학자 토마스 홉스가 그의 저서 《리바이어던》[1]에서 'Scientia potentia est(지식이 힘이다)'라고 표현한 데서 유래되었다고 알려져 있죠. 많은 사람이 아는 것이 많으면 힘을 가질 수 있다고 생각합니다. 수학 공부법을 많이 알면 수학을 잘할 거라고 생각하는 것처럼 말이죠. 과연 그럴까요?

아는 것만으로는 부족합니다. 행동이 뒷받침되지 않는다면 아는 것은 그저 아는 것일 뿐입니다. 아는 것은 힘이 될 가능성이 있는 것이지, 아는 것 자체가 힘은 아닙니다. 그래서 저는 '아는 것이 힘이다'는 말을 이렇게 바꿔보고 싶습니다. '알고, 하는 것이 힘이다.'

100개의 공부법을 아는 것보다 중요한 건 1개의 공부법을 실천하며 내 것으로 만드는 것입니다. 이 책이 '수학을 어떻게 공부해야 할지' 고민하는 초등학생들과 '수학 공부를 어떻게 도와줘야 할지' 고민하는 학부모, 교육자들에게 길잡이가 되길 바랍니다.

그리고, 알고 하게 되어 우리 아이가 '학습 방법의 학습'이라는 초능력을 가지게 된다면 제게 꼭 연락해주세요. 저는 연락받을 그날만을 손꼽아 기다리겠습니다.

자, 그럼 진짜 힘을 갖기 위한 여행을 함께 시작해볼까요?

박재찬 (달리쌤)

목차

Part 1. ✔
답보다 중요한 건, 문제를 제대로 이해하는 것입니다

Part 2. ✔
전격 해부! 초등 수학 서술형 문제 유형 분석

Part 3. ✔
수학 문해력을 키워주는 실천 학습법

Part 4. ✔
진짜 수학 잘하는 아이는 이렇게 공부합니다

✓ Part 1.

답보다 중요한 건,
문제를 제대로
이해하는 것입니다

수학 공부는
문해력 싸움입니다

　학부모를 대상으로 하는 강연에서 "초등학생들에게 수학이 왜 중요한가요?"라고 물으면 의외로 많은 분이 대학 입시 이야기를 합니다. 중입도, 고입도 아닌 대입이요. 대한민국 사회가 어떤 대학에 들어가는지를 얼마나 중요하게 생각하느냐를 보여주는 방증입니다. 이렇듯 자녀가 있는 학부모라면 모두가 중요하게 생각하는 대입은 대학수학능력시험 성적과 직결됩니다.

　그런 점에서 시간이 되신다면 2021학년도 대학수학능력시험 수학 영역(가형) 짝수형 16번 문제를 한 번 찾아보십시오. 한 페이지를 가득 채운 어마어마한 분량이 한 문제입니다. 배점은 딱 4점이고요.

시간이 안 되신다고요? 그러면 대학수학능력시험까지 갈 필요도 없습니다. 요즘 공부 좀 한다고 하는 초등학생들이 푸는 문제집에 나오는 문제 하나도 이렇게 한 페이지를 가득 채웁니다.

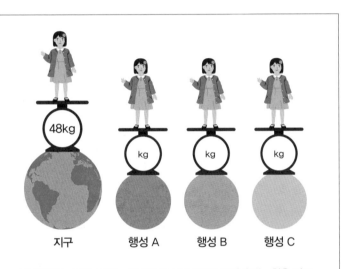

지구에 있는 모든 물체는 지구의 중심으로부터 끌어당기는 힘을 받고 있습니다. 그래서 우리가 손에 들고 있던 물건을 놓으면 지구의 중심 쪽으로 떨어지게 되는 것입니다. 이 힘을 가리켜 '중력(重力)'이라고 합니다. 중력은 지구에만 있는 게 아닙니다. 수성, 금성, 화성과 같은 우주에 있는 다른 행성에서도 중력이라는 힘이 작용합니다. 이처럼 중력이 있으므로 행성마다 몸무게가 달라집니다. 예를 들어 지구에서 48kg인 지원이의 몸무게는 '행성 A'에서 재면 18.24kg이 되고, '행성 B'에서 재면 48kg의 2.36배가, '행성 C'에서 재면 43.2kg이 됩니다. '행성 C'에서 40.5kg의 몸무게인 수영이가 '행성 B'에서 잰 몸무게를 '행성 A'에서 잰 몸무게로 나눈 몫의 소수 셋째 자리 수를 구해보세요.

[출제 단원 : 6학년 2학기 소수의 나눗셈]

이게 진짜 초등학생 수학 문제 맞냐고요? 이 정도면 긴 축에 도 못 듭니다. 상위권 문제집에는 이보다 훨씬 길고 복잡한 문제들이 많습니다. 글을 읽고 이해하는 문해력이 없다면 이런 문제는 풀 수 없겠죠? 흔히 수학은 공식만 잘 외우고 문제만 많이 풀면 된다고 생각하는 경우가 많습니다. 하지만 글을 읽고 쓸 수 있는 능력인 문해력이 뒷받침되지 않는다면 수십 개의 공식을 알고 있더라도 적용할 수 없습니다. 문제가 조금 변형되어 서술되면 어떻게 풀어야 하는지 길을 잃어버리게 됩니다.

앞으로의 대학수학능력시험을 포함한 중간고사, 기말고사에서 출제될 문제도 앞서 보여드린 문제와 크게 다르지 않을 겁니다. 오히려 더 복잡하게 서술된 문제가 등장하거나 내 생각을 서술, 논술형으로 풀어내야 하는 문제들이 출제될 가능성이 크죠. 이제는 문해력이 뒷받침되지 않으면 국어나 사회 교과목뿐 아니라 수학도 잘할 수 없게 되었습니다. 결국 공부는 '문해력 싸움'이라는 사실을 받아들여야 합니다.

책이 많은 집 아이가 수학을 잘한다?

공부는 문해력 싸움이라는 저의 주장에 동의하셨다면 다음 주장에도 찬성표를 던질 수 있을지 생각해보세요.

"책이 많은 집에 살면 수학을 잘한다."

좀처럼 수긍하기 어려운 가설이라고요? 책이 많은 집에 사는 게 국어를 잘하는 데 도움을 준다는 것도 받아들이기 어려운데, 심지어 수학을 잘한다고 하니 이해되지 않는 게 당연합니다. 더구나 책을 많이 읽는 것도 아니고 많이 보유하고 있다는 가정이니까요.

하지만 놀랍게도 터무니없어 보이는 이 주장은 10년이 넘는 시간 동안 제가 경험적으로 검증해가고 있는 가설입니다.

학급에서 수학을 잘하는 학생들에게 저는 이렇게 묻습니다.

"너희 집엔 책이 얼마나 있어?"

일단 이 질문을 들으면 대부분은 뜬금없다는 표정을 짓습니다. 그리고는 이렇게 대답하죠.

"책이요? 엄청 많아서 얼마 정도 되는지는 잘 모르겠는데요."

"제 책도 있고, 동생 책도 있는데 아무튼 엄청 많아요. 요즘에도 한 주에 한 권씩은 사고 있어서 앞으로도 계속 늘어날 것 같아요."

수학 실력이 부족한 학생들에게도 똑같은 질문을 합니다.

"너희 집엔 책이 얼마나 있어?"

그럼 그 학생들 대다수는 이렇게 대답합니다.

"책이요? 유치원 때 보던 거 말고는 거의 없어요."

"제 방에만 조금 있어요."

가정을 한 번 해볼까요? 한 가정에 있는 책이 200권을 넘는다면 그중에 10%만 읽었다고 해도 20권은 본 셈입니다. 가지고 있는 책을 다 보진 않더라도 있으면 보게 되는 게 섭리니까요. 책을 많이 가지고 있는 집에서는 자연스럽게 책을 읽을 기회나 책에 관해 이야기를 나눌 기회가 많았을 겁니다. 당연히 글을 읽고 이해하는 문해력과 관련된 활동도 했을 거고요.

이러한 환경과 경험이 국어라는 교과에만 영향을 미쳤을까요? 아닙니다. 현장에서 매일같이 아이들을 만나다 보니 직감으로 알 수 있습니다. 문해력은 수학 교과의 성취나 흥미에도 분명히 영향을 미칩니다.

제 생각을 한 문장으로 정리해서 말해보겠습니다.

"수학 공부도 문해력 싸움이다."

　너무 심한 뇌피셜 아니냐고요? 이런 저의 생각을 학술적으로 뒷받침해주는 한국교육과정평가원의 연구 보고서도 있습니다.[2, 3] 만약 이 주제에 호기심이 생기셨다면 수학 성취도와 흥미에 영향을 미치는 교육맥락변인과 관련된 보고서들을 찾아보시길 바랍니다.

　아 참, 더 쉬운 방법이 있긴 합니다. 주변에서 수학 잘하는 아이들에게 제가 사용했던 "너희 집엔 책이 얼마나 있어?"라는 질문을 던져보는 겁니다. 그 아이들의 대답을 들어보면 제 이야기가 맞다는 걸 확인하실 수 있을 겁니다.

독해가 돼야
수학도 됩니다

초등학생 자녀를 둔 학부모들과 이야기할 기회가 있을 때마다 저는 아이들의 수학 학습과 관련된 질문을 합니다. 주로 이렇게 묻죠. "최근에 아이가 푼 수학익힘책이나 수학 문제집을 본적 있으신가요? 만약 있다면 어떤 문제는 잘 풀고, 어떤 문제는 어려워하는 것 같은가요?"제 질문에 아주 많은 분께서 다음과 같이 대답 해주셨습니다.

"우리 아이는 연산 문제는 거의 다 맞는데 문장제 문제에 약하더라고요."

"간단한 문제는 잘 푸는데 한 번만 꼬거나 살짝 복잡한 문제들은 거의 틀려요."

문장제 문제, 수학적 사고력을 요구하는 복잡한 문제들을 아이들이 어려워하는 이유는 무엇일까요? 글을 읽고 그 뜻을 이해하는 독해력이 부족하기 때문입니다. 요즘 아이들은 두 살 때부터 스마트폰, 스마트패드를 형제자매로 여기며 살아온 알파 세대(2011년 이후 출생하여 디지털 기기와 친숙한 세대)입니다. 알파 세대들은 필요한 정보가 있을 때 텍스트를 읽지 않습니다. 영상이나 이미지를 검색해서 정보를 받아들이죠.

상황이 이렇다 보니 독해라는 것을 할 필요성을 느끼지 못합니다. 직관적으로 받아들일 수 있는 방법이 있는데 굳이 읽고 이해할 필요가 없다고 생각하죠. 그래서 알파 세대에는 글을 읽고 이해하는 데 어려움을 느끼는 난독(難讀) 문제가 있는 아이가 많습니다. 이 말은 문장제 문제, 수학적 사고력을 요구하는 문제들에 취약한 학생이 많다는 것입니다.

수학과 독해, 잘 어울릴 것 같지 않은 조합이지만 수학을 잘하기 위해서는 독해력이 필요합니다.

수학에도 독해가 필요하다

다음 문제를 함께 읽어볼까요?

사격장에서 11km 떨어진 곳에서는 총을 쏜 뒤 약 1분 뒤에 총소리를 들을 수 있습니다. 사격장에서 5km 떨어진 곳에서는 총을 쏜 지 몇 분 뒤에 총소리를 들을 수 있을까요? 반올림하여 소수 첫째 자리까지 나타내보세요.

이 문제는 초등학교 6학년 2학기 소수의 나눗셈 단원에서 자주 출제되는 유형입니다. 이런 형식의 문제를 실제 6학년 학생들에게 풀어보라고 하면 한 반의 절반 정도는 틀립니다.

교사와 학생들 사이에서 오래도록 회자되는 명언인 '정답을 맞힌 이유는 하나지만 틀린 이유는 제각각이다'는 말처럼 오답이 나오게 된 이유는 다양합니다. 하지만 제가 파악해본 바에 따르면 이런 유형의 문제를 틀린 학생들의 대다수는 '문제를 제대로 이해하지 못해서' 문제를 풀지 못하거나 틀린 답을 구하게 됩니다.

이 문제는 몫을 반올림하여 나타내는 연산 문제입니다. 식으로 나타내보면 아주 간단합니다. 5÷11입니다. 만약 이 문제를 서술형으로 출제하지 않고 '5÷11을 반올림하여 소수 첫째 자리까지 나타내시오'라고 제시했다면 정답률은 어떻게 되었을까요? 아마 서술형 문제보다 훨씬 높은 정답률이 나왔을 거예요. 그 이유는 앞서 말했듯이 많은 학생이 문제를 제대로 이해하지 못해 식조차도 세우지 못하는 경우가 많기 때문입니다.

글을 읽고 이해하는 문해력이 부족하다 보니 문제에서 구하고자 하는 게 무엇인지 파악하지 못합니다. 이처럼 독해력이 뒷받침되지 않는다면 서술형 수학 문제를 만날 때마다 고배를 마실 수밖에 없습니다.

수학 독해력을 기르기 위한 세 가지 방법

독해라는 단어 앞에는 주로 국어나 영어와 같이 언어와 관련된 단어가 옵니다. '국어 독해', '영어 독해', '일본어 독해'라는 말, 많이 들어보셨죠? 그래서 '수학 독해'라는 단어는 조금 생소할 수 있습니다. 하지만 머지않은 미래에 수학 독해라는 단어가 유행처럼 사용될 것이라고 감히 예상합니다. 왜냐하면 수학 문제의 유형이 변했기 때문입니다.

융합형 인재를 길러야 한다는 교육계 흐름에 발맞춰 교과서들이 스토리텔링 형식으로 변했습니다. 마치 이야기책을 읽어 가는 것처럼 하나의 스토리가 쭉 이어지고 그 속에 수학 문제들이 담겨 있죠. 교과서 구성이 이렇다 보니 수학익힘책, 수학 문제집, 수행평가의 문제 유형도 당연히 변했습니다. 기본적인 연산 문제와 살짝 응용해서 식을 쓰고 문제를 풀이하는 유형에서 스토리 속의 내용을 이해해야만 식을 세우고 계산을 할 수 있는 '스토리텔링 수학', '창의 서술형 문제'로 바뀌었죠.

앞으로는 수학 공식만 대입해서 풀 수 있는 단순한 문제는 더 줄어들 거예요. 국어, 사회, 과학 등 여러 교과 지식과 수학 지식이 뒤섞인 문제들이 대세가 되었으니까요. 이런 교육적 흐름에 발맞춰가기 위해서는 반드시 수학 독해력을 높이는 데 관심을 가져야 합니다. 수학 독해력을 기르는 방법을 세 가지로 정리했습니다.

1. 어구나 문장 단위로 끊어 읽기.

초등학교 국어 교과에서 독해를 지도할 때는 글의 구성단위별로 독해하는 방법을 권장합니다. '단어-어구-문장-문단-글 전체' 순으로 내용을 파악해보는 연습을 하게 되죠.

이 교수법을 스토리텔링 수학 문제 풀이에 어떻게 적용할 수 있을까요? 어구나 문장 단위로 사선 끊어 읽기를 해보는 것입니다. 한 문장 안에서 의미 단위로 끊어 읽거나 하나의 문장마다 사선을 그으며 읽으면 내용 파악이 훨씬 쉬워집니다. 한 번에 한 문장의 핵심 내용만 기억하면 되니까요. 이 방법을 사용하면 다섯 개 이상의 문장으로 이루어진 장문의 서술형 문제도 그리 어렵지 않게 읽고 이해할 수 있습니다.

2. 글이나 문제를 읽고 핵심을 파악하는 연습하기.

열심히 문제를 읽었더라도 그 속에 담긴 핵심을 파악하지 못하면 그동안 갈고 닦은 연산 솜씨를 발휘할 수 없습니다. 열심히 갈아둔 무기를 꺼내보지도 못하는 것이죠. 따라서 연산 연습뿐만 아니라 글을 읽고 문제의 핵심을 파악하는 연습을 해야 합니다.

방법은 간단합니다. 스토리텔링 수학 문제를 읽은 다음, 바로 문제 풀이에 들어가는 게 아니라 이 문제가 어떤 문제인지를 나의 말로 설명해보는 거예요. 유창하게 설명할 필요는 없고 "그래서 이게 어떤 문제인데?"라는 질문에 답할 수 있는 정도면 충분합니다.

이 방법을 수학에서만 사용할 수 있는 건 아닙니다. 평소에 읽고 있는 도서나 국어, 사회 교과서 속 글의 핵심 내용이 무엇인지 묻고 답하는 연습을 해보세요. 이렇게 연습하면 전반적인 독해력이 향상되어 수학 독해력을 높이는 데 도움이 됩니다.

3. 모르는 어휘 그냥 넘어가지 않기.

아이들과 수업하다 보면 '아니, 이렇게 기본적인 어휘도 모른 단 말이야?'라는 생각을 하게 될 때가 있습니다. 물론 모를 수도 있죠. 하지만 문제는 모르는 걸 물어볼 생각조차 하지 않는다는 거예요. 그렇다 보니 교사나 학부모는 아이들이 딱히 물어보지 않으니 어련히 알고 있다고 여기기 쉽습니다. 수학 독해력을 기르기 위해서는 모르는 단어는 반드시 짚고 넘어가야 합니다.

모르는 어휘를 그냥 넘겨서는 안 됩니다. 모르면 모른다고 말하고 무슨 뜻인지 물어봐야 합니다. 스토리텔링 수학 문제의 형식이 아무리 다양하게 변한다 해도 사용되는 어휘나 수학적 지식은 어느 정도 정해져 있습니다. 비슷한 단어와 개념들이 반복해서 나올 수밖에 없고요. 모르는데도 그대로 두고 넘어가면 다음에 다시 보게 되도 모릅니다. 반대로 모르는 어휘를 가볍게 넘기지 않고 집요하게 이해하고 넘어간다면 추후 읽게 될 글이나 문제를 이해하는 데 막힘이 없을 거예요.

초등 수학에서 자주 틀리는
문제 유형 네 가지

주어진 보기 중에서 하나를 선택하는 객관식 평가 문제를 잘 푸는 학생들은 어떤 능력이 우수한 걸까요? 그런 학생들은 보통 기억력이 좋습니다. 그렇다면 문제를 읽고 문제의 답이라고 생각하는 내용을 직접 서술하는 서술형 평가 문제를 잘 푸는 학생들은 어떤 능력이 우수할까요? 서술형 문제를 잘 풀려면 단순 사고 능력인 기억력만으로는 부족합니다. 기억력 이외에도 분석력, 종합력, 창의력과 같은 고등 사고 능력이 필요합니다.

만약 우리 아이가 객관식 문제는 잘 푸는데 서술형 문제를 자주 틀린다면 고등 사고 능력이 부족하기 때문일 수 있습니다. 따라서 공부하면서 어떤 문제들을 틀리는지 주의 깊게 살펴볼 필

요가 있습니다. 그래야만 부족한 능력이 무엇이고 어떻게 채워
갈 수 있을지에 대한 로드맵을 그릴 수 있습니다.

서술형 문제를 왜 틀릴까?

"행복한 가정은 서로 비슷하고, 불행한 가정은 나름의 이유
로 불행하다."

러시아의 대문호 레프 톨스토이의 소설 《안나 카레니나》[4]의
첫 문장입니다. 저는 이 문장을 이렇게 바꿔보고 싶습니다.

"서술형 문제를 잘 푸는 학생은 서로 비슷하고,
서술형 문제를 틀리는 학생은 나름의 이유로 틀린다."

서술형 문제를 잘 푸는 학생에게 이 문제를 어떻게 풀었는지
물으면 거의 비슷한 대답을 합니다. 그런데 서술형 문제를 푸는
것을 어려워하는 학생들에게 왜 틀렸는지를 물으면 다들 다른
이야기를 합니다.

"문제를 잘못 읽었어요."

"뭘 구해야 하는 건지 몰라서 틀렸어요."

"뭘 구하는지는 알겠는데 어떻게 계산하는지를 몰랐어요."

"문제를 봐도 식을 못 세우겠어요."

"풀이 과정에 맞춰 어떻게 계산해야 하는지 모르겠어요."

"풀이 과정은 세웠는데 계산을 잘못했어요."

이렇게 서술형 문제를 틀리는 학생들에게는 나름의 이유가 있었습니다. 서술형 문제를 틀린 학생들과의 면담을 통해 알게 된 오류 유형을 네 가지로 정리해봤습니다.

유형 1. 문제를 이해하지 못한다.

서술형 문제를 틀리는 가장 일반적인 이유입니다. 서술형 문제에는 언제나 '구하는 것'이 존재하는데, 문제를 이해하지 못하는 학생들은 무엇을 구해야 하는지를 파악하지 못합니다. 그래서 풀이 과정도 세울 수 없고, 계산도 할 수 없죠. 때로는 답을 구했는데도 엉뚱한 답을 써놓기도 합니다. 문제가 요구하는 방식이 아닌 자기 나름의 방식으로 답을 써버리는 학생들이 의외로 많습니다.

평균 해수면을 기준으로 측정한 어떤 지점의 높이를 해발고도라고 합니다. 백두산의 해발고도는 2.75km, 지리산의 해발고도는 1.91km, 설악산의 해발고도는 1.71km라고 알려져 있죠. 백두산의 해발고도는 지리산의 해발고도의 몇 배일까요? 반올림해서 소수 첫째 자리까지 나타내보세요.

답 (2배)

'반올림하여 소수 첫째 자리까지 나타낸다'는 '구하는 것'을 제대로 이해하지 못해 알맞지 않은 답을 쓴 유형입니다.

평균 해수면을 기준으로 측정한 어떤 지점의 높이를 해발고도라고 합니다. 백두산의 해발고도는 2.75km, 지리산의 해발고도는 1.91km, 설악산의 해발고도는 1.71km라고 알려져 있죠. 백두산의 해발고도는 지리산의 해발고도의 몇 배일까요? 반올림해서 소수 첫째 자리까지 나타내보세요.
풀이 과정 : $2.75 \div 1.71 = 1.608 \cdots$

답 (1.6배)

백두산의 해발고도를 지리산의 해발고도로 나누어야 하는데 설악산의 해발고도로 나누어버린 유형입니다. 소수 첫째 자리까지 올바르게 나타냈지만, 문제를 제대로 이해하지 못해 틀린 답을 구하게 된 안타까운 유형입니다.

유형 2. 문제를 해결할 수 있는 수학 개념을 모른다.

이 유형은 문제에서 주어진 조건과 구하는 것이 무엇인지를 이해하고 있지만, 이와 관련된 개념을 모르거나 기능이 부족해서 틀리게 되는 경우입니다. 특히 원리를 이해하지 못한 채 공식만 암기했던 학생들이 이런 상황에 자주 처합니다. 공식에 수를 대입해서 문제를 풀어야 하는데 그 공식이 순간적으로 떠오

❌ 틀린 답을 쓰는 예

선생님께서 칠판에 윗변의 길이가 3cm, 아랫변의 길이가 6cm, 높이가 6cm인 사다리꼴을 그리셨습니다. 그리고 이렇게 말씀하셨습니다. "선생님이 지금부터 이 사다리꼴과 넓이가 같은 평행사변형을 그려볼 거야. 밑변은 3cm로 할까 하는데, 그러면 높이는 얼마가 될까?" 선생님께서 그리게 될 평행사변형의 높이가 얼마일지 풀이 과정과 함께 답을 써보세요.

풀이 과정 : (3+6)×6=54 / 54÷3=18

답 (18cm)

이 문제는 사다리꼴의 넓이 구하는 공식과 평행사변형의 넓이 구하는 공식 두 가지 모두를 이해하고 있어야 풀이할 수 있는 문제입니다. 그런데 이 두 가지 공식은 많은 학생이 헷갈리는 내용입니다. 사다리꼴은 왜 마지막에 2로 나누는지, 평행사변형의 넓이 구하는 공식이 '밑변×높이'인 이유와 관련된 원리를 이해하고 있었다면 공식을 떠올리지 못했더라도 맞힐 수 있는 문제입니다. 위 학생은 사다리꼴의 넓이와 관련된 개념이 부족해서 18cm라는 답을 썼습니다.

르지 않으니 틀릴 수밖에 없죠. 공식이 만들어진 이유나 그 속에 담긴 원리를 이해하고 있다면 이런 문제가 생기는 것을 피할 수 있습니다.

유형 3. 풀이 과정을 계획하지 못한다.

답을 구하기 위해서는 올바른 풀이 과정을 계획할 수 있어야 합니다. 사실 풀이 과정만 제대로 세웠다면 목적지에 70% 이상

❌ 틀린 답을 쓰는 예

우리나라의 원화와 미국의 달러화의 교환 비율을 원달러환율이라고 합니다. 현재 원달러환율은 1,200원입니다. 이 말은 1달러와 1,200원이 같은 가치를 지닌다는 의미입니다. 만약 내가 가지고 있는 50,000원을 달러로 바꾸게 된다면 몇 달러까지 바꿀 수 있을까요? 풀이 과정과 함께 답을 써 보세요. (최소로 바꿀 수 있는 환전 단위는 1달러입니다.)

풀이 과정 : 1,200÷50,000＝0.024

답 (0.024달러)

굉장히 안타까운 오답 유형입니다. 계산은 정확하게 했지만, 풀이 과정을 계획하지 못해 오답을 적은 학생들의 평가지를 보면 제 마음이 무너집니다. 이 문제는 50,000÷1,200으로 풀이 과정을 계획해야 하는 문제죠. 아마 계산은 틀렸더라도 풀이 과정을 올바르게 적은 학생이 부분 점수를 받아 평가에서는 더 높은 점수를 받았을지 모릅니다.

도착한 것이라고 할 수 있죠. 풀이 과정이 그 정도로 중요합니다. 과거의 수학 시험은 정답만 확인해서 채점했습니다. 하지만 요즘엔 정답이 틀렸더라도 풀이 과정이 맞으면 부분 점수를 줍니다. 혹은 답이 맞았더라도 풀이 과정이 정확하게 기술되어 있지 않으면 점수를 감하기도 합니다. 서술형, 논술형 평가의 비중이 확대되면 풀이 과정에 대한 중요도는 자연스럽게 높아질 거예요.

유형 4. 풀이를 잘못했다.

풀이를 잘못한 걸 두고 우리는 흔히 '계산 실수'라고 표현합니다. 하지만 이건 실수라고 말하기보다는 그냥 "잘못 계산했다"라고 깔끔하게 인정하는 게 좋습니다. 인정할 건 인정하고 잘못 풀이하게 된 이유를 찾아 같은 일이 반복되지 않도록 하는 게 중요하죠.

문제 이해도 제대로 했고, 이와 관련된 수학적 개념도 알고 있었고, 풀이 과정도 올바르게 계획했는데 풀이를 잘못해서 문제를 틀리면 솔직히 억울합니다. 눈앞에 아른거리는 깃발을 놓쳐버린 기분이랄까요? 풀이를 잘못하는 오류 유형은 수학 교과서나 수학익힘책에 두서없이 문제를 푸는 학생들에게서 주로 나타납니다. 내가 어디까지 계산했는지를 자신도 알아보기 힘들어 미로 속에 빠져버리게 되는 것이죠.

제가 발견한 아이들이 서술형 문제를 틀리는 유형은 이렇게 네 가지입니다. 그런데 모든 경우를 이 네 가지 원인만으로 묶을 수는 없을 거예요. 전혀 생각하지 못했던 다른 이유가 있을 수도 있으니까요. 그래서 제가 학부모, 선생님들께 권하고 싶은 방법은 왜 틀렸는지를 아이에게 직접 물어보는 것입니다. 틀린 이유를 아이와 얘기 나눠보면 서술형 문제에서 풀이 오류가 생긴 원인을 좀 더 정확하게 분석할 수 있겠죠? 그러기 위해서는 우리가 평소 아이들에게 던지는 피드백을 바꿔야 합니다.

"또 틀렸어?"가 아니라 "왜 틀렸지?"

커뮤니케이션 전문가이자 베스트셀러 《나는 왜 이 일을 하는가(원제:Start with why)》[5]의 저자 사이먼 사이넥은 Why라는 단어 하나로 세계적인 유명인이 되었습니다. 그는 무엇을 해야 할지, 어떻게 해야 할지를 고민하는 대다수 사람에게 접근법을 바꿔보기를 권했습니다. '무엇을?'과 '어떻게?' 전에 '왜?'라는 질문을 던져보는 거죠. 자, 그럼 그의 아이디어를 우리 아이가 서술형 문제를 틀리는 문제 상황에 대입해서 생각해보겠습니다.

우리 아이가 문제를 잘못 이해해서 서술형 문제를 다 틀려왔다고 가정해보겠습니다. 그럼 보통의 부모들은 "또 서술형 문제를 다 틀렸다고?"라고 이야기할 거예요. 또는 "어떤 거 틀렸는지 한번 구경이나 하자"라고 얘기할 수도 있고요. 그다음 순서로는 우리 아이의 약점인 서술형 문제를 어떻게 보완할 수 있을지를 고민할 거예요. '아무래도 미뤄왔던 학습지를 이제는 시작해야 겠다'든지, '아이가 학원 다니기 싫다고 해서 안 보내고 있었는데 이제는 어쩔 수 없다. 집 주변에서 가장 유명한 학원에 넣어야겠다'라고 생각하는 경우가 많죠. 너무 뼈 맞은 거 같은 느낌이 든다고요? 학부모들과 상담하다 보면 하나 같이 이런 말씀을 해주셔서 학부모들의 '생각 알고리즘'을 꿰고 있기 때문이니 이해해 주세요.

그런데 사이먼 사이넥의 방식에 따르면, 서술형 문제를 틀려 왔다는 아이의 말에 다음과 같이 이야기하는 게 문제를 해결해 가는 데 효과적이라고 합니다.

"그래? 근데 그 문제를 왜 틀렸을까? 이유를 알겠어?"

아이가 해결해야 하는 문제는 딱 하나입니다. 서술형 수학 문제를 틀리게 된 이유를 스스로 아는 것. 무슨 문제를 틀렸는지, 앞으로 어떤 학습지를 풀어야 할지를 생각하는 것입니다. 유명하다고 소문난 학원으로 옮길 계획 같은 것은 모두 부수적인 것들입니다. 내가 틀리게 된 이유를 알면 무엇을 공부할지, 어떻게 공부해갈지를 결정할 수 있습니다.

왜 틀렸는지를 생각해보면서 내가 주로 범하는 오류 유형이 무엇인지 스스로 생각할 기회를 줘야 합니다. 문제를 이해하지 못해서 틀렸다면 문제를 이해하는 연습만 반복해서 하면 됩니다. 문제를 해결할 수 있는 수학 개념을 몰라서 틀렸다면 학년별로 알아야 할 핵심 개념들을 쭉 훑어보면서 내가 알고 있는 개념과 알지 못하는 개념이 무엇인지를 확인하고, 부족한 부분을 채워 넣으면 됩니다. 풀이 과정을 계획하지 못해서 틀렸다면 문제를 읽고 풀이 과정을 세워보는 연습을 여러 번 반복해보면 됩니다. 또는 친구들과 풀이 과정을 세워보는 퀴즈를 내며 같은 문제라도 서로 다른 풀이 과정을 세울 수 있다는 걸 이해하게 되면 도움이 됩니다. 풀이를 잘못해서 틀렸다면 어떤 부분에서 잘못 계산했는지를 세심하게 살펴봐야 합니다. 약분이나 통분을 잘못했는지, 사칙 연산 과정에서 오류가 있었는지, 계산하는 순서가 바뀌어버렸는지 등을 파악해보면 같은 오류를 반복하지 않을 수 있습니다.

너무도 당연한 이야기지만 원인을 알아야 문제를 해결할 수 있습니다. 그 시작은 매우 간단합니다. 평소에 아이들에게 하던 질문만 조금 바꾸면 됩니다. "또 틀렸어?"에서 "왜 틀렸지?"로.

수학에서 자주 나오는
핵심 어휘는?

교육과정이 개정될 때마다 초등학교 수학 교과서에 등장하는 서술형 문제가 점점 늘어나고 있습니다. 그래서 그동안 알맞은 것을 고르는 객관식 문제나 간단한 단어만 기록하는 단답형 문제에 익숙해져 있던 학생들이 어려움을 많이 겪고 있죠.

교육부의 발표처럼 2028년 대입 수학능력시험부터 서술·논술형 문제가 도입된다고 하면 앞으로 만들어지는 교과서, 문제집에는 서술형 문제들이 넘쳐나고 서술형 맞춤 문제집이 온라인 서점을 뒤덮겠죠? 서술형 문제의 비중은 시간이 갈수록 늘어날 것입니다. 집어넣는 교육에서 꺼내는 교육으로의 변화는 앞으로도 계속될 테니까요.

문제는 어휘력이다

국어, 수학, 사회, 과학 과목을 막론하고 초등학생들이 가장 싫어하는 문제 유형 중 하나는 서술형 문제입니다. 왜 싫어할까요? 자주 틀리기 때문입니다. 나왔다 하면 틀리는데 좋아할 수가 없겠죠. 서술형 문제를 자주 틀리게 되는 이유가 궁금해 아이들에게 이유를 물어봤습니다.

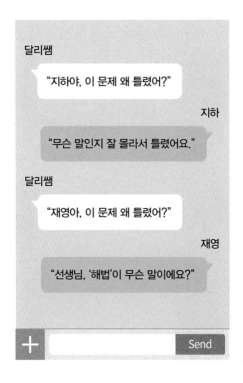

초등학교 학생들이 서술형 문제를 틀리는 가장 큰 원인은 문제에 사용되는 용어의 개념을 모르기 때문입니다. 한 가지 예를 들어보겠습니다. 6학년 국어 교과서에 '작품 속 인물과 나'라는 단원이 있습니다. 인물이 한 일과 추구하는 삶을 파악하는 게 이 단원에서 알아야 하는 핵심적인 요소입니다. 그래서 이 단원에서 출제되는 대부분 문제는 인물이 어떤 일을 했는지를 묻거나 그 인물이 어떤 삶을 추구했는가를 묻습니다.

그런데 문제는 여기서 생깁니다. "인물이 추구하는 삶을 쓰시오"라는 문제가 나오면 아무런 답을 쓰지 못하고 평가지만 쳐다보고 있는 학생이 의외로 많습니다. 왜일까요? '추구하다'라는 단어의 뜻을 알지 못하기 때문입니다. 단어의 뜻을 알지 못하니 뭘 써야 할지 모르는 건 당연하겠죠?

이 글을 읽고 있는 분들께도 한번 묻고 싶습니다. '추구하다'라는 동사는 과연 어떤 뜻일까요? 대충 어떤 의미인지는 알겠는데 말로 설명하려니 마땅한 단어가 잘 떠오르지 않죠? 초등학생들도 마찬가지일 거예요. 아마 어떤 뜻인지 의미조차 파악하지 못할 가능성이 크죠. 이처럼 초등학생들이 서술형 문제를 자주 틀리는 이유는 어휘력 때문입니다.

어휘력은 단어의 철자를 읽고 쓸 수 있는 것, 의미를 이해하는 것, 활용할 수 있는 것 등을 포괄하는 단어입니다. 즉, 어휘를 마음대로 부리어 쓸 수 있는 능력을 말하죠. 어휘력은 독해의 기본이고 독해는 공부의 기본입니다. 그렇기에 어휘력이 중요하다는 사실은 대부분 학부모가 이미 알고 있는 사실입니다. 그런데 실제로 어휘력을 높이기 위한 노력을 하는 경우는 드물죠. 단순히 책을 많이 읽으면 어휘력이 늘어날 거로 생각하지만 안타깝게도 현실은 그렇지 못한 경우가 많습니다. 부모의 바람과 다르게 아이들은 책을 읽는 걸 극도로 싫어하기 때문입니다. 이런 아이들은 서술형 수학 문제를 만났을 때 기본적인 어휘를 몰라 질문을 이해하는 데 어려움을 겪습니다.

어휘력의 수준은 생각의 수준

사실 어휘력이라는 건 별로 티가 나지 않는 능력입니다. 국어나 수학처럼 어휘력을 측정해주는 시험이 있는 것도 아니고, 어휘력만 구분해서 배우는 과목이 있는 것도 아니니까요. 또한 어휘력은 마치 아는 것처럼 고개만 끄덕이고 있으면 진짜 알고 있는 것처럼 느껴지기 때문에 확인하기 어렵습니다.

평소에 아이들과 대화를 자주 하더라도 우리 아이의 수준이 어느 정도인지 정확히 진단하기 어려운 것이 어휘력이죠. 가족이 식탁에 앉아 저녁을 먹으며 대화할 때 어려운 단어를 사용하는 경우는 별로 없지 않나요? 가끔 어려운 단어를 아이가 이해하지 못해도 '아직 초등학생이니 잘 모를 수 있지'라는 생각으로 넘어가진 않았나요? 이렇게 한두 해가 지나다 보면 어휘력의 결핍은 누적됩니다. 그러다 중학교에 가서 '펑' 하고 터지게 되는 것이죠.

중학교 교과서에는 초등학교와 비교해 한자어가 훨씬 많이 등장합니다. 선생님들이 사용하는 학문적 단어의 수준도 갑자기 높아지죠. 단어의 뜻을 모르는데 수업 내용이 제대로 이해될 리 만무합니다. 초등학교 때까지는 학업 성적이 좋다가 중학교에 가서는 성적이 곤두박질치는 상당수 아이들의 경우 원인은 어휘력 문제입니다.

어휘력의 수준은 생각의 수준입니다. 또한 어휘력은 학습의 기본기입니다. 만약 저학년 때 어휘력 부족으로 학습에 어려움을 겪었다면 될 수 있는 대로 빨리 보완해야 합니다. 학년이 올라갈수록 교과서에 등장하는 어휘가 점점 다양해지기 때문이죠. 그렇다면 어떻게 어휘력을 높일 수 있을까요? 초등 교육과정에서 등장하는 어휘들이 무엇인지를 알고 반복해서 학습하면 됩니다. 반복에는 장사가 없다는 말이 적용되는 게 어휘 공부입니다.

아이들이 어려워하는 학년별 수학 어휘

보통 어휘라고 하면 단어나 개념을 떠올립니다. 어휘력이라고 하면 이런 단어의 뜻을 알고 사용할 수 있는 능력을 말하고요. 어휘력을 높이려면 단어의 뜻을 반복해서 듣고 자주 사용해 보면 됩니다. 이때 중요한 건 어떤 단어에 집중해야 할지를 결정하는 것이겠죠.

여러 어휘를 두루 아는 게 가장 좋겠지만 우선순위를 두자면 수학 교과서에 나오는 핵심 어휘에 집중하는 게 먼저입니다. 그래서 초등학교 수학 교육과정에서 학년별로 등장하는 수학 어휘들을 모아봤습니다. 다른 건 몰라도 이 표에 나와 있는 어휘들은 쭉 꿰고 있어야 중학교 수학을 공부할 수 있는 기초 체력을 가지고 있다고 할 수 있습니다.

수학이라는 교과는 '계통성'이라는 특징을 가지고 있습니다.

영역 \ 학년군	3~4학년군	5~6학년군
수와 연산	나눗셈, 몫, 나머지, 나누어떨어진다, 분수, 분모, 분자, 단위분수, 진분수, 가분수, 대분수, 자연수, 소수, 소수점	약수, 공약수, 최대공약수, 배수, 공배수, 최소공배수, 약분, 통분, 기약분수
도형	직선, 선분, 반직선, 각, 직각, 예각, 둔각, 수직, 수선, 평행, 평행선, 원의 중심, 반지름, 지름, 이등변삼각형, 정삼각형, 직사각형, 정사각형, 사다리꼴, 평행사변형, 마름모, 다각형, 정다각형, 대각선	합동, 대칭, 대응점, 대응변, 대응각, 선대칭도형, 점대칭도형, 대칭축, 대칭의 중심, 직육면체, 정육면체, 면, 모서리, 밑면, 옆면, 겨냥도, 전개도, 각기둥, 각뿔, 원기둥, 원뿔, 구, 모선
측정	1mm, 1km 1L, 1ml 1g, 1kg, 1t	이상, 이하, 초과, 미만, 올림, 버림, 반올림, 가로, 세로, 밑변, 높이, 원주, 원주율, cm^2, m^2, km^2, cm^3, m^3
규칙성		비, 기준량, 비교하는 양, 비율, 백분율, 비례식, 비례배분, %
자료와 가능성	그림그래프, 막대그래프, 꺾은선그래프	평균, 띠그래프, 원그래프, 가능성

출처: 교육부(2015). 2015 개정 수학과 교육과정.

전 학년의 학습 내용이 서로 연결되어 있어 차근차근 단계를 밟아가며 배워야 하죠. 이 원칙은 어휘에도 똑같이 적용됩니다. 5~6학년군에 배우게 되는 어휘를 이해하려면 그 전 학년인 3~4학년군에 등장하는 어휘들을 알고 있어야 합니다. 3~4학년군의 어휘는 1~2학년군의 어휘들과 연결되고요. 이전 학년군에서 학습해야 하는 어휘를 알지 못할 경우, 다음 학년군에 등장하는 어휘들을 이해하는 것은 불가능합니다.

예를 들어 도형 영역을 보자면 5~6학년군에서 배우게 되는 각기둥, 각뿔이라는 어휘를 이해하기 위해서는 3~4학년군에서 배우는 삼각형, 사각형의 의미를 이해하고 있어야 합니다. 평면도형인 두 도형이 무엇인지를 알고 있어야 이런 평면도형들이 연결되어 입체도형인 각기둥, 각뿔이 만들어진다는 것을 알 수 있습니다. 또 여러 가지 모양의 각기둥을 삼각기둥, 사각기둥, 오각기둥이라고 부르는 이유도 3~4학년 때 배운 평면도형의 개념과 연결됩니다. 수와 연산 영역도 똑같습니다. 5~6학년군에서 배우게 되는 분자와 분모가 1 이외의 공약수를 갖지 않는 분수인 기약분수의 의미를 이해하기 위해서는 3~4학년군에서 배우는 분자와 분모가 무엇인지를 알고 있어야 합니다.

새 학년 첫 수학 시간이면 저는 이전 학년에서 배웠던 수학 어휘들을 칠판 가득 적습니다. 그리고 이렇게 말합니다. "지금 칠판에 적힌 어휘들은 모두 전 학년에서 배운 것들이야. 이 어휘들을 설명할 수 있다면 이번 학년 공부를 시작할 준비가 된 것이고, 만약 설명할 수 없다면 기본을 쌓고 시작하는 게 좋을 것 같아. 자, 어떤 친구가 먼저 설명해볼까?" 이 질문을 아이들에게 던지면 아이들은 서로 눈치를 보기 시작합니다. 자신 있게 손을 드는 학생은 한 학급에서 서너 명을 넘지 않죠. 학원을 열심히 다녀 다음 학년 진도까지 미리 끝냈다고 소문난 아이들도 쉽게 손을 들지 못합니다. 문제는 잘 풀지 몰라도 어휘의 의미를 설명하는 건 해본 적이 없을 테니까요. 이처럼 어휘는 문제를 잘 푸는 아이든, 그렇지 않은 아이든 감추고 싶은 취약점인 경우가 많습니다.

수학 어휘 설명하기 놀이

수학 수업을 하다 보면 준비했던 내용이 생각보다 빨리 끝나게 될 때가 있습니다. 그럴 때 가끔 아이들과 함께 하는 놀이가 '수학 어휘 설명하기 놀이'입니다. 초등학교에서 배워야 하는 수학 어휘 중에서 하나를 선택해 친구들에게 설명해주는 놀이죠. 놀이 방식은 참 간단하죠? 그런데 놀이에 참여하는 학생들의 머릿속은 복잡합니다. 왜냐하면 아무리 간단한 개념이라도 그 의미를 설명하는 건 쉽지 않거든요.

예를 들어 선대칭도형이나 점대칭도형이라는 개념을 설명하기 위해서는 대칭축이나 대칭의 중심과 같은 추가적인 개념 설명이 필요합니다. 평면도형에 대한 기본적인 설명도 들어가야 하고요. 겉으로 보기에는 하나를 설명하는 것이지만, 이 하나 속에 엄청나게 많은 배경지식이 필요한 게 수학 어휘 설명하기 놀이입니다.

그렇다면 여기서 의문점이 하나 생길 거예요. '이게 공부하는 거지, 왜 놀이라고 부르는 걸까?'라는 의문이 생기지 않나요? 이게 놀이인 이유는 A라는 친구가 수학 어휘를 설명하는 내용을 듣고 나머지 친구들이 설명이 얼마나 이해하기 쉬웠는지에 대해 별점을 주기 때문입니다. 그리고 같은 어휘에 대해 여러 명의 학생에게 설명할 기회를 주기 때문에 일종의 설명 경쟁이 붙습니다. 설명을 듣는 학생들은 '얼마나 더 이해하기 쉽게 설명하는가', '얼마나 많은 수학적 개념을 포함해서 설명하는가' 등의 평가 기준에 맞춰 친구들의 설명을 평가하기 때문에 설명을 하는 학생도, 설명을 듣는 학생도 흥미로워하는 놀이가 바로 '수학 어휘 설명하기'입니다.

여러 명의 학생이 모인 교실 속에서만 적용할 수 있는 방법 아니냐고요? 물론 아닙니다. 가정에서도 얼마든지 할 수 있습니다.

가정에서 하는 수학 어휘 설명하기 놀이

1. 포스트잇에 수학 어휘를 적는다.
2. 포스트잇을 2번 이상 접어 어휘가 보이지 않게 만든다.
3. 포스트잇을 무작위로 뽑는다.
4. 뽑힌 포스트잇을 펼쳐 나오는 수학 어휘를 가족들에게 설명한다.
5. 설명에 대한 만족도를 별점으로 평가한다.
6. 다른 가족 구성원이 같은 과정을 반복한다.

앞으로의 수학 평가, 이렇게 변합니다

"10년 뒤 수학 시험, 이렇게 변합니다!"

사람들의 관심을 끌어야 하는 유튜브 썸네일에 이 문구가 적혀 있다면 조회 수 10만은 쉽게 가겠죠? 그런데 꼭 저런 영상은 눌러보면 10년 뒤 이야기는 없고, 어디서 많이 들어본 이야기들만 반복되는 경우가 많습니다. 사실 10년 뒤 수학 시험이 어떻게 출제될지 아는 사람이 대한민국에 어디 있겠습니까. 만일 그런 사람이 있다면 이미 관련된 정보를 이곳저곳에 팔아서 저런 썸네일을 만들 필요도 없는 위치에 있을 거예요.

10년 뒤의 미래를 정확하게 예측한다는 건 불가능한 일입니다. 그런 점에서 10년 뒤 수학 평가를 이야기하는 것도 굉장히 조심스러운 면이 있죠. 하지만 10년이 아니라 2~3년 뒤의 방향이 '이런 느낌일 것이다' 정도는 상상해볼 수 있습니다. 그럴 만한 근거들이 이곳저곳에서 발표되고 있기 때문입니다.

수학교육 종합계획

교육부에서는 2012년부터 수학교육에 대한 장기 계획을 발표해오고 있습니다. 2012년에는 제1차 수학교육 선진화 방안을 발표하였고, 2015년에는 제2차 수학교육 종합계획을 발표하였습니다. 2020년 5월 27일, 교육부에서는 〈과학, 수학, 정보, 융합 교육 종합계획〉을 발표했습니다. 여기에 제3차 수학교육 종합계획이 포함되어 있었는데, 이 계획에는 2020년부터 2024년까지 수학교육에 대한 비전과 목표가 담겨 있습니다. 일종의 '수학교육 로드맵'이라고 할 수 있죠. 이 계획 속에 어떤 내용이 담겨 있는지를 살펴보면 앞으로의 수학 수업과 수학 평가의 방향에 대한 힌트를 얻을 수 있지 않을까요? 제3차 수학교육 종합계획[6]에 대해 잠깐 살펴보겠습니다.

Ⅳ 제3차 수학교육 종합계획(2020~2024)

비 전

지능정보사회의 소양을 갖추고 세계를 선도하는 인재 양성

목 표

즐겁게 생각하는 수학교육

| 수포자 없는
수학교실 | 실생활 문제
해결력 함양 | 수학 핵심 인재
양성 |

제3차 수학교육 종합계획

추진 전략	중점 추진과제
1. 학생의 수학 역량 및 자신감 강화	1-1. 기초학력 향상 지원 및 학교급별 교육연계 강화
	1-2. 성공 경험을 통한 수학 자신감 향상 지원
	1-3. 실용적 수학 학습 활성화
2. 수학 교원의 전문성 향상	2-1. 교사 전문성 향상 프로그램 강화
	2-2. 예비 교사 역량 강화 지원
3. 지능정보기술 활용 학습 지원	3-1. 지능형 수학교실 구축 등 학습공간 혁신
	3-2. 수학 학습관리 시스템 구축 및 학생별 학습 지원
	3-3. 공학적 도구 활용 등 수학 탐구활동 강화
4. 역량 중심의 맞춤형 수학교육 시스템 구축	4-1. AI수학 등 교과목 재구조화 및 교육체계 개선
	4-2. 역량 중심 수학교육을 위한 수업·평가 혁신
	4-3. 수학 핵심 인재 양성
5. 모두를 위한 수학교육 지원	5-1. 수학 교육 소외 계층 지원 강화
	5-2. 수학 문화 대중화
	5-3. 학교·유관기관·지역사회 협력 수학교육 활성화

출처 : 교육부(2020). 생각하는 힘으로 함께 성장하고 미래를 주도하는 수학교육 종합계획.

수포자 없는 수학 교실, 실생활 문제 해결력 함양, 수학 핵심 인재 양성을 목표로 설계된 제3차 수학교육 종합계획에 따른 추진전략은 다음 다섯 가지입니다.

1. 학생의 수학 역량 및 자신감 강화.
2. 수학 교원의 전문성 향상.
3. 지능정보기술 활용 학습 지원.
4. 역량 중심의 맞춤형 수학교육 시스템 구축.
5. 모두를 위한 수학교육 지원.

이 다섯 가지 중에서 조금 더 관심을 가지고 살펴봐야 하는 것은 네 번째 전략인 역량 중심의 맞춤형 수학교육 시스템 구축입니다. 이와 관련한 중점 추진과제가 세 가지 있습니다. 그중 두 번째 요소인 역량 중심 수학교육을 위한 수업·평가 혁신이라는 항목에 우리가 알아보고 싶었던 앞으로의 수학 평가 방향이 담겨 있을 거 같은 느낌이 들죠? 그럼 교육부의 자료를 이어서 살펴보겠습니다.

4-2. 역량 중심 수학교육을 위한 수업·평가 혁신

- ● (프로젝트 수업 활성화) 수학적 사고를 바탕으로 실생활 문제를 해결하는 프로젝트형 수업 활성화.
- ○ 수학을 중심으로 여러 교과가 융합된 프로젝트형 수업 모형 및 학습 자료를 개발·보급하고, 현장 확산을 위한 모델학교 운영.
- ○ 프로젝트 수업, 협력 수업, 토의형 수업 등 다양한 수업 사례와 수업 모델 개발을 위한 교사연구회를 운영 지원.
  - * 5년간('20~'24) 연 10팀의 탐구 협력형 수학 수업 교사연구회 운영(누적 50팀)
- ○ 고등학교 학생이 신산업 분야 선도를 위한 수학 기반 모델 설계 과정을 체득할 수 있도록 산학연계 프로젝트 수업 실시.
- ● (평가 시스템 개선) 문제풀이식 평가에서 벗어나 학생의 수학적 역량을 평가하는 과정 중심 평가 및 서·논술형 평가 확대.
- ○ 평가의 신뢰도 확보를 해, AI를 활용하여 교사의 정성평가 결과 분석 및 피드백을 제공하는 'AI 평가 지원 시스템' 개발 보급.

출처 : 교육부(2020). 생각하는 힘으로 함께 성장하고 미래를 주도하는 수학교육 종합계획.

이 내용을 더도 덜도 말고 딱 두 문장으로 정리해보겠습니다.

실생활 문제를 해결하는 프로젝트 수업을 활성화하겠다.

과정 중심 평가와 서술형, 논술형 평가를 늘리겠다.

자, 첫 번째 문장부터 살펴볼까요? 프로젝트 수업은 실생활과 관련된 주제나 질문에서 시작해 학습 내용을 탐구하고 유·무형의 결과물을 완성하는 학습자 중심의 수업 방식입니다. 하나의 교과에 한정되지 않고 삶과 연결된 다양한 교과를 묶어서 배울 수 있다는 장점이 있어 최근 주목받고 있는 교수 학습 방법의 하나입니다.

이 방법으로 수학 수업이 진행되게 되면 그동안의 평가 방식으로는 평가하기 곤란한 상황들을 마주하게 됩니다. 프로젝트 수업에서는 하나의 정해진 정답이 있는 게 아니라 개인, 팀별로 나름의 적합성과 타당성에 기반한 결과물을 만들어갑니다. 그래서 객관식 문제와 달리 맞고 틀리고를 명확하게 정할 수 없는 문제들을 해결해내야 합니다. 그럼 이런 상황에서 평가는 어떻게 해야 할까요? 특정한 수학적 지식을 아느냐 모르느냐를 묻는 평가만으로는 제대로 된 평가가 되기 어렵겠죠? 그래서 프로젝트 수업에서의 평가는 프로젝트 결과물을 발표하는 형식이 가장 일반적입니다. 더불어 결과물을 만들어가는 과정에서 알게 된 수학 개념, 어려웠던 점, 배운 개념을 어떻게 삶에 적용할 것인지 등에 대한 자기 생각을 적는 성찰 일기가 평가의 요소가 되게 됩니다.

정리해보자면, 실생활 문제를 해결하는 프로젝트 수업이 활성화되면 수학 평가는 다음과 같이 변할 겁니다. 프로젝트의 결과물 평가, 프로젝트 결과물 발표에 대한 평가, 프로젝트 진행 과정에서 관찰할 수 있는 협력, 의사소통, 창의성 등의 역량에 대한 평가, 프로젝트 수업 과정 전, 중, 후에 작성한 성찰 일기에 대한 평가. 어떤가요? 지금까지 머릿속에 있는 전통적인 수학 시험의 모습과는 너무 다르지 않나요?

이제 두 번째 문장을 살펴보겠습니다. 과정 중심 평가는 평가의 방법이라기보다는 전통적으로 결과를 평가하던 결과 위주의 평가에 대한 비판에서 출발한 일종의 '평가관', '평가 철학'의 개념으로 보는 게 좋습니다. 결과가 아닌 과정을 중요하게 여기는 평가죠. 과정 중심 평가에서는 수업 중에 실시하는 형성 평가를 강조하고, 학생 스스로 지식이나 기능을 드러내는 수행평가를 중요하게 여깁니다. 수행평가는 자신이 알고 있는 내용이 포함된 행동을 하거나 산출물을 만드는 것이고요.

사실 두 번째 문장은 정리해보지 않아도 다들 이해하셨을 텐데요. 앞으로 과정을 중요하게 여기고 서술, 논술형 평가를 늘리겠다는 겁니다. 이 말속에는 두 가지 내용이 내포되어 있다고 볼 수 있죠. 결과를 중요하게 생각하던 것을 줄이고 객관식, 단답형 평가를 줄이겠다는 것이죠. 앞으로의 수학 평가는 서술, 논술형 평가의 전성시대가 될 것입니다.

교육과정 속 수학 평가 원칙과 방법

앞으로의 수학 평가 방향을 예측하게 해줄 또 하나의 단서는 교육부에서 고시되는 교과별 교육과정입니다. 수학과 교육과정 수학 교수·학습 및 평가의 방향 중 평가 원칙과 평가 방법의 일부를 가져왔습니다.[7] 이 내용을 자세히 살펴보면 교육부와 학교에서 어떤 평가를 지향하고 있는지를 확인할 수 있습니다. 이번에는 작은 단위로 구분해서 설명을 이어가 보겠습니다.

지금까지의 평가는 수학의 개념과 원리를 이해하고 있는지를

(1) 평가 원칙

(다) 수학과의 평가에서는 수학의 개념, 원리, 법칙, 기능뿐만 아니라 문제 해결, 추론, 창의·융합, 의사소통, 정보 처리, 태도 및 실천과 같은 수학 교과 역량을 균형 있게 평가한다.

(라) 수학과의 평가는 학습자의 수준을 고려하고 평가 목적과 내용에 따라 다양한 평가 방법을 활용한다.

확인하는 단순한 형식의 문제 풀이 위주였습니다. 하지만 앞으로는 문제 해결, 추론, 창의·융합, 의사소통 등의 역량에 관한 평가를 해야 합니다. 그렇다면 단순한 문제가 아니라 여러 교과를 넘나들며 생각해야만 해결할 수 있는 복잡한 문제들이 출제될 가능성이 크겠죠? 또한 의사소통과 같은 역량을 평가하려면 종이에 답을 쓰는 지필 평가라는 방식만으로는 부족할 것입니다. 의사소통하는 상황을 직접 평가하거나 의사소통에 대한 경험을 평가하는 쪽으로 평가의 방향이 바뀌게 되겠죠. 이런 내용과 과정을 평가하려면 당연히 결과 평가뿐만 아니라 과정을 평가하는 과정 중심 평가라는 게 필요하겠죠? 어떤가요? 앞으로의 평가 방향이 눈에 그려지나요?

교육부에서 세운 평가 원칙을 현장에서 구현해내기 위해 평

---

(2) 평가 방법

(가) 수학과의 평가는 학습 결과 평가뿐만 아니라 과정 중심 평가도 실시하여 종합적인 수학 학습 평가가 될 수 있게 한다.
(다) 학생의 수학 학습 과정과 결과는 지필 평가, 프로젝트 평가, 포트폴리오 평가, 관찰 평가, 면담 평가, 구술 평가, 자기 평가, 동료 평가 등의 다양한 평가 방법을 사용하여 양적 또는 질적으로 평가한다.

---

① 지필 평가는 수학의 개념, 원리, 법칙을 이해하고 적용하는 능력과 문제 해결, 추론, 창의·융합, 의사소통 능력 등을 평가하는 데 활용할 수 있고, 선택형, 단답형, 서·논술형 등의 다양한 문항 형태를 활용한다.

② 프로젝트 평가는 수학 학습을 토대로 특정한 주제나 과제에 대해서 자료를 수집하고 분석, 종합, 해결하는 과정과 결과를 평가하는 방법으로, 문제 해결, 창의·융합, 정보 처리 능력 등을 평가할 때 활용할 수 있다.

③ 포트폴리오 평가는 일정 기간 동안 수학 학습 수행과 그 결과물을 평가하는 방법으로, 학생의 학습 내용 이해와 수학 교과 역량을 종합적으로 판단하고 학생의 성장에 대한 정보를 얻는 데 활용할 수 있다.

④ 관찰 평가, 면담 평가, 구술 평가는 학생 개인 및 소집단을 관찰, 학생과의 대화, 학생의 발표를 통해 학생의 이해 정도와 사고 방법, 수행 과정 등을 평가하는 방법으로, 의사소통, 태도 및 실천 능력 등을 평가할 때 활용할 수 있다.

⑤ 자기 평가는 학생 스스로 자신의 이해와 수행을 평가하는 방법으로, 문제 해결과 추론 과정의 반성, 자신의 생각 표현, 태도 및 실천 능력 등을 평가할 때 활용할 수 있다.

⑥ 동료 평가는 동료 학생들이 상대방을 서로 평가하는 방법으로, 협력 학습 상황에서 학생 개개인의 역할 수행 정도나 집단 활동에 기여한 정도를 평가할 때 활용할 수 있다.

_ 수학과 교육과정 수학 교수·학습 및 평가의 방향 내용 중

가 방법 항목에서는 다양한 평가 방법들을 제시하고 있습니다. 위에서 제시된 방법을 제 나름의 기준에 맞춰 다시 구분해봤습니다.

평가 형식에 따른 구분	평가 주체에 따른 구분
지필 평가 프로젝트 평가 포트폴리오 평가 관찰 평가 면담 평가 구술 평가	자기 평가 동료 평가 교사 평가

자, 그렇다면 교육부에서 이렇듯 다양한 평가 방법을 제시하고 있는 이유는 무엇일까요? 기존의 대세였던 지필 평가만으로는 평가할 수 없는 부분이 있기 때문입니다. 이 말은 지필 평가를 준비하는 것만으로는 수학과에서 추구하는 목표를 달성하는 데 부족함이 있다는 겁니다. 초등학교, 중학교를 통틀어 수학과에서 제시하고 있는 목표는 다음과 같습니다.

수학의 개념, 원리, 법칙을 이해하고 기능을 습득하며 수학적으로 추론하고 의사소통하는 능력을 길러, 생활 주변과 사회 및 자연 현상을 수학적으로 이해하고 문제를 합리적이고 창의적으로 해결하며, 수학 학습자로서 바람직한 태도와 실천 능력을 기른다.

_ 수학과 교육과정 목표

수학적으로 추론하고, 의사소통하는 능력을 길러 생활 주변과 사회 및 자연 현상을 수학적으로 이해하고, 문제를 합리적, 창의적으로 해결하는 능력. 현재의 대입 수학능력시험의 수학 영역에 출제되는 객관식, 단답형 문항으로 이런 능력을 측정할 수 있을까요? 없습니다. 많은 수학 교사들, 수학 교수들이 인지하고 있는 문제이기도 합니다.

객관식, 단답형 평가가 공정하고 편하다는 이유로 앞으로도 이 방식만 고수한다면 앞으로의 시대에 필요한 역량을 기르는 데 사용해야 할 기회비용을 날려버리는 것일 수 있습니다. 또한 여러 교육 단체에서 서술, 논술형 수능 도입의 필요성을 주장하고 있기도 하고요.

많은 교육자가 이 부분에 문제의식을 지니고 있고 변화의 필요성을 깨닫고 있으므로 앞으로의 수학 평가는 바뀔 겁니다. 변하지 않는다면 앞서 말한 역량을 지닌 학생들을 길러내기 힘들 테니까요.

지금까지 이야기한 내용 중에서 핵심만을 뽑아 정리해봤습니다.

Key Point! 앞으로의 수학 평가, 이렇게 변한다.	
지금까지의 수학 평가	**앞으로의 수학 평가**
객관식, 단답형	서술형, 논술형 비중 확대
지필 평가 위주	다양한 평가 방식 활용
교사 중심의 평가	자기, 동료 평가의 확대
지식 중심 평가	역량 중심 평가

✓ Part 2.

전격 해부!
초등 수학 서술형 문제
유형 분석

초등학생 36.5%가
수포자인 이유

종합 버라이어티 채널 tvN에서 방영했던 예능 프로그램 '나의 수학 사춘기'에서 수학을 포기한 학생, 줄여서 '수포자'들의 비율을 공개했습니다. 이 자료는 '사교육걱정없는세상'이라는 비영리 교육 단체에서 발표한 자료로, 2015년 기준 고등학생의 59.7%, 중학생의 46.2%가 수학을 포기한 상태라고 합니다. 뉴스, 드라마, 영화에서 수학 시간마다 엎드려 있는 학생들의 모습을 떠올려봤을 때 이해할 만한 수치죠?

그런데 충격적인 것은 바로 초등학생 수포자의 비율이 상당히 높았다는 것입니다. 조사에 참여했던 전체 초등학생 중 무려 36.5%의 학생이 수학을 포기했다고 응답했습니다. 간단히 말하자면, 초등학생 셋 중 한 명이 수학을 놔버렸다는 것이죠.

이 정도면 대단히 심각한 상황입니다. 수학이라는 학문을 처음 배우기 시작한 초등학생 중 3분의 1이 수학을 포기했다고 응답했다니 놀라지 않을 수 없습니다. 우리 반 아이들 중에 "선생님, 저는 수학 포기했으니까 안 가르쳐주셔도 괜찮아요"라고 말하진 않았지만, 마음속으로 "나는 수학은 포기해야겠어"라고 생각하는 아이들이 3분의 1이나 된다니! 이 책을 읽고 있는 학부모, 선생님들 주변의 아이들도 이미 자신을 수포자로 낙인찍고 있을지도 모르겠네요.

데이터를 통해 알 수 있듯이 수학을 포기하는 학생들의 비율이 학년이 올라갈수록 높아지고 있습니다. 심지어 고등학생 수

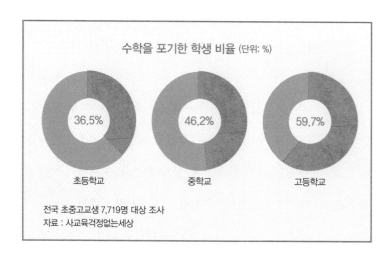

수학을 포기한 학생 비율 (단위: %)

36.5% 초등학교
46.2% 중학교
59.7% 고등학교

전국 초중고교생 7,719명 대상 조사
자료 : 사교육걱정없는세상

포자는 절반을 넘습니다. 길거리에 교복을 입고 돌아다니는 고등학생 둘 중 한 명은 수포자라는 말입니다.

"아직 포기하진 않았지만, 학교 수학이 어렵다"라고 응답한 학생들의 비율은 초등학생 27.2%, 중학생 50.5%, 고등학생 73.5%입니다. 생각보다 많은 학생이 수학을 어려워하고 있다는 것을 알 수 있는 조사 결과입니다. 현재 상황에서 조금만 더 어려워지면 경계선에 있는 학생들도 자신을 수포자라고 생각하게 되겠죠?

한번 수포자는 영원한 수포자?

수학이라는 교과는 전체 내용이 유기적으로 연결되어 있습니다. 많은 초등학생이 극도로 싫어하는 수와 연산 영역을 예로 들어보겠습니다. 초등학교 1~2학년에서는 두 자리 수 범위의 덧셈과 뺄셈, 곱셈을 배웁니다. 3~4학년이 되면 세 자리 수의 덧셈과 뺄셈, 자연수의 곱셈과 나눗셈, 분수와 소수의 덧셈과 뺄셈을 배우죠. 그리고 5~6학년이 되면 한 단계 더 발전해서 자연수의 혼합 계산, 분수와 소수의 곱셈과 나눗셈으로 확대된 범위의 내용을 배우게 됩니다. 그렇다면 초등학교에서 배운 내용은 초등에서 끝나는 걸까요? 당연히 여기서 끝나지 않습니다. 초등학교에서 배운 내용은 중학교에서 배워야 하는 소인수 분해, 정수와 유리수, 유리수와 순환소수, 제곱근과 실수와 연결됩니다. 수와 연산 영역뿐만이 아닙니다. 초등학교에서 배우는 도형은 중학교 수학의 기하와 연결되고, 규칙과 대응 영역은 이름만 들어도 머리가 복잡해지는 일차함수, 이차함수로 연결됩니다.

이처럼 수학적 지식은 계통성이라는 특성이 있습니다. 전 단계에서 배워야 하는 개념을 알지 못한다면 다음 단계로는 결코 넘어갈 수 없는 게 수학입니다. 더욱이 학년이 올라갈수록 배우는 개념은 점점 더 어려워지죠. 모든 내용이 고구마 줄기처럼 연결되어 있어서 첫 단추가 잘못 끼워지면 다음 단추를 끼우는 것도 힘들어지는 게 수학이라는 학문입니다.

수학이 가지고 있는 특성으로 보았을 때 이런 예측을 해볼 수 있습니다. 함께 따라 읽어보면서 제 짐작이 타당한지를 판단해 보면 좋겠네요.

▲ 초등학교 때 수학을 포기했는데
고등학교 때 수학을 잘하는 것은 불가능에 가깝다.

▲ 초등 수포자는 중등 수포자로,

중등 수포자는 고등 수포자로 연결된다.

어느 정도 일리 있는 추측인가요? 안타까운 이야기일 수 있지만, 초등학교 때 수학을 포기하게 되면 더는 희망이 없을지도 모릅니다. 그래서 현직에 있는 초등교사들은 다른 어떤 교과보다도 수학 교과에서 부진한 학생이 생기지 않도록 다양한 교수법을 활용해 수학 수업을 연구하고 있습니다.

어떻게 수포자가 되는 걸까?

그렇다면 어떻게 해야 초등학교에서 수학을 포기하지 않게 만들 수 있을까요? 수학 부진이 누적되어 수학을 포기해버리는 상황을 미리 방지하기 위해서는 그 원인을 파악해야 합니다. 초등학생들이 수학을 멀리하게 되는 이유, 그것만 안다면 수학을 포기하게 되는 것을 막을 수 있지 않을까요?

수포자가 되지 않기 위한 가장 빠른 방법은 수포자가 되는 방법을 떠올려보는 것입니다. 그 방법들만 제외한다면 수포자가 될 일은 없을 테니까요. 자신을 수포자라고 칭했던 우리 반 학생들이 이야기해준 수학을 멀리하게 된 이유는 다음과 같습니다.

1. 자신이 어디서부터 모르는지를 알지 못한다.

무려 36.5%의 학생이 초등 수포자이기 때문에 저도 매 학년 담임을 맡을 때마다 다양한 유형의 수포자들을 만나고 있습니다. 물론 아이들이 "저는 수포자입니다"라고 이마에 써 붙이고 다니진 않지만, 수학 수업 시간에 설명을 듣는 아이들의 눈빛만 봐도 수학이라는 교과를 어떻게 생각하고 있는지 대충 짐작할 수 있습니다.

'여긴 어디? 난 누구? 무슨 말인지 잘 모르겠으니 일단 듣는 척이라도 하고 있어야겠다'라는 눈빛. 누군가를 가르쳐본 경험이 있다면 한 번쯤 봤을 눈빛이죠. 이런 눈빛을 하는 아이들이 대부분 수포자입니다. 이 학생들이 이런 눈을 하는 이유는 간단합니다. 지금 선생님이 설명하고 있는 내용을 이해하지 못하기 때문입니다. 그런데 이런 학생들에게 "모르는 부분이 있으면 꼭 질문하세요"라고 말해봤자 이 학생들은 질문하지 않습니다. 아니, 질문하지 못합니다. 자신이 모르는 부분이 무엇인지를 알지 못하기 때문이죠. 이 학생들은 모르는 것을 설명하지 못합니다.

그러니 당연히 질문도 할 수 없죠.

그런데 문제는 여기서부터 시작됩니다. 본론을 이야기하기 전에 비슷한 예를 하나 들어보겠습니다. 집 천장에서 물이 새면 어디서부터 새는지를 확인해봐야 합니다. 그렇지 않고 대충 도배만 새로 하면 시간이 지나서 물이 다시 새죠. 근본적인 원인을 찾지 않은 채 덮어버리면 문제는 다시 터지기 마련입니다.

수학도 마찬가지입니다. 분수와 소수의 곱셈과 나눗셈이 안 되면 안 되는 이유를 찾아야 합니다. 그래서 어디서부터 모르는지를 밝혀내야 합니다. 분수와 소수의 개념을 이해하지 못하고 있는지, 곱셈과 나눗셈의 원리를 이해하지 못하는지를 알아봐야 합니다. 만약 곱셈과 나눗셈의 원리를 모르고 있다면 덧셈과 뺄셈까지 거슬러 올라가야 합니다. 이렇게 하지 않고 오늘 배운 분수의 곱셈을 해결하는 방식만 알려주는 건 누수가 있는 천장에 도배지만 새로 바르는 것과 다르지 않습니다. 임시방편으로 때워놓은 곳은 언젠간 다시 터집니다.

그런데 수포자 아이들은 자신이 어디서부터 모르는지를 알지 못합니다. 그냥 모르겠다고만 말하고 눈을 껌뻑이죠. 그러므로 교사나 학부모가 도와줘야 합니다. 아이와 함께 '모름의 기원'을 찾아 떠나야 합니다. 물론 이 여정은 해적들을 물리치며 보물섬을 찾으러 가는 여정처럼 험난하고 고될 수 있습니다. '설마 이것도 모르겠어?'라며 울화가 치밀어 오르는 걸 여러 차례 참고 견뎌내야 할지도 모릅니다. 하지만 이러한 '모름의 기원'을 찾아 떠나는 여행의 출발은 빠르면 빠를수록 좋습니다. 늦어질수록 지각비를 내야 하기 때문이죠. 앞서 수학의 계통성이라는 특징을 이야기했었죠? 계통성 때문에 아이들은 수학을 어려워합니다. 그래서 초등학교 때 부진했던 학생이 중학교에서도 부진한 학생이 되는 것입니다. 수포자가 되지 않으려면 오늘 당장 '모름의 기원'을 찾아가는 여행을 떠나야 합니다.

2. 잘 몰랐는데 그냥 동그라미 치고 넘어간다.

아이들은 교사나 부모가 생각하는 것보다 훨씬 눈치가 빠릅니다. 대부분 초등학생이 수학책, 수학익힘책에 동그라미만 있다면 공부를 열심히 한 것처럼 보인다는 것을 간파하고 있습니다. 선생님도, 부모님도 수학책이나 수학익힘책, 수학 문제집을 확인할 때 쭉 넘겨보며 동그라미만 있다면 별다른 말없이 넘어갔으니까요. 그래서 많은 아이가 스스로 채점할 수 있는 상황에서는 될 수 있으면 동그라미를 치려고 합니다.

아이들은 왜 이런 행동을 하는 걸까요? 이유는 예상외로 간단합니다. 틀렸다는 표시에는 "이거 왜 틀렸어?", "왜 이렇게 많이 틀렸어?"라는 귀찮은 질문 옵션이 따라오기 때문입니다. 반대로 동그라미 표시에는 질문 옵션 따윈 없죠. 엄마의 흐뭇한 미소만 있을 뿐입니다.

그렇다면 아이들은 어떤 선택을 할까요? 스스로 채점할 기회가 있다면 일단 동그라미부터 치고 시작합니다. 잘 몰라도 일단 동그라미 치고 넘어갑니다. 그래야만 귀찮은 질문에서 벗어날 수 있으니까요. 많은 수의 수학 부진이 이렇게 시작됩니다.

그런데 학생들이 오해하고 있는 게 있습니다. 많은 아이가 빨간 동그라미 개수가 수학 실력을 대변해준다고 생각하고 있죠. 하지만 몇 개를 맞히느냐는 수학 실력을 대변하는 기준이 될 수 없습니다. 동그라미, 가위표는 지금 내가 알고 있는 것과 모르는 것을 구분해주는 수단일 뿐입니다.

공자는 아는 것을 안다고 말하고, 모르는 것을 모른다고 말하는 것이 진정한 앎의 시작이라고 말했습니다. 공자의 이러한 생각을 우리 아이들의 수학 문제 풀이에 적용해보겠습니다. 수학 문제를 풀고 있는 아이에게 이렇게 말해주세요. "동그라미를 받고 못 받고는 전혀 중요한 게 아니야. 중요한 것은 네가 진짜 알고 있는지, 모르고 있는지, 모르는 것을 아는 척하고 있는지야.

그러니까 다음부터는 답이 맞았더라도 확실하게 안다고 느껴지지 않으면 가위표를 쳐도 좋아. 다른 사람에게 보여주려고 채점하는 게 아니니까."

문제를 푸는 이유는 내가 아는 것, 모르는 것을 알아보기 위해서입니다. 언제나 중요한 것은 '내가 진짜 알고 있느냐'를 깨닫는 것이라는 사실을 꼭 기억해주세요. 이걸 깨닫고 실천하는 아이들은 수포자가 되지 않습니다.

3. 엄마가 너무 어려운 문제를 풀라고 한다.

수학을 포기했다고 말하는 학생 중 상당수가 무리한 선행 학습을 받은 경우였습니다. 제가 관찰했던 학생들은 보통 한 학기나 1년, 빠르면 2년, 3년을 선행하고 있었습니다. 학구열이 높은 학교에 근무할 때는 초등학교 6학년 학생이 쉬는 시간마다 학원 숙제라며 중3 수학 문제를 풀고 있는 모습을 심심치 않게 봤습니다. 그런 아이들 사이에서는 "넌 수학 어디까지 끝냈어?"라는 질문이 오고 갔고요.

물론 현재 학년의 공부가 제대로 되어 있어 학생이 그 내용을 무리 없이 소화해낼 수 있다면 문제되지 않을 수 있습니다. 그렇지만 부모님의 권유를 거절하지 못해 억지로 선행 학습을 하는 학생의 대부분은 수학을 어렵게 느꼈습니다. 어렵다고 생각하다 보니 점점 자신감이 떨어지고 흥미도 잃게 된 것이죠. 물론 실제로 어려운 내용이기도 했을 테고요.

미국의 저명한 철학자인 존 듀이는 교육은 흥미가 전부라고 생각했습니다. 특정한 지식을 학습하는 게 중요한 게 아니라 흥미를 지속해가기 위해 지식이 필요하다고 말했습니다. 지식도 중요하고, 흥미도 중요하다며 모호하게 말한 게 아니라 흥미가 교육의 전부라고 소신 있게 말했죠.[8]

저도 듀이의 생각과 비슷합니다. 초등학교 수학은 흥미가 전부입니다. 초등학교 때 수학 지식을 습득하는 데 에너지를 모두 써버려 수학에 대한 흥미가 사라져버린다면 그것이야말로 진짜 손해입니다. 그러므로 학생들의 수준과 흥미에 맞춰 과제난이도와 학습량을 조절해야 합니다. 옆집 아이가 다음 학년 것을 배우고 있다고 해서 우리 아이도 해야 한다는 생각을 버려야 합니다. 이해할 수 있는 수준 밖의 너무 어려운 내용으로 수학에 대한 부정적인 이미지를 심어주어서는 안 됩니다. 적당히 어렵고, 이 정도면 할 수 있을 것 같다는 도전정신이 드는 문제를 풀게 해야 합니다. 그래야만 포기하지 않고 꾸준히 수학에 흥미를 느끼고 다음 내용에 도전할 수 있습니다.

세상의 모든 수포자가 한순간 수포자가 되어버린 게 아닙니다. 서서히 흥미를 잃게 되면서 서서히 수포자가 되는 것입니다. 교육에 있어 지식은 흥미를 위한 수단일 뿐이라는 사실을 기억한다면 수포자가 되는 것을 막을 수 있습니다.

수학 잘하는 아이가
다른 과목도 잘하는 이유

"샤넬백 들고 있는 엄마는 하나도 안 부럽다.
전교 1등 하는 아들, 딸 가진 엄마는 진심으로 부럽다."

대한민국 사교육 1번지 대치동 엄마들 사이에서 통용되고 있는 생각이라고 합니다. 그만큼 교육에 관심이 많다는 뜻이겠죠? 그분들 사이에서 두루 쓰이는 이야기가 하나 더 있습니다. "공부 잘하는 아이가 수학도 잘하는 게 아니라 수학을 잘하니까 공부를 잘하는 것이다"라는 것입니다. 수학이라는 교과가 아이들의 학습 능력을 좌우한다고 보는 견해죠.

사실 이런 사회적 통념은 예전부터 있었습니다. "수학 잘하는 아이는 머리가 좋다", "수학만 잘하면 공부 걱정은 안 해도 된다", "공부시킬지 안 시킬지는 수학 점수만 보면 된다"는 말을 한 번쯤 들어보았을 거예요. 그런데 과연 객관적으로 근거 있는 말일까요? 수학 사교육 시장에서 마케팅의 일환으로 만들어낸 이야기 아닐까요?

이 내용과 관련된 논문이나 연구 자료를 찾아보려 했으나 검색 능력이 부족해서인지 찾지 못했습니다. 그래서 저의 경험에 기반해서 이야기해볼까 합니다. 제가 수년간 초등학교 현장에서 살펴본 결과에 따르면 수학 잘하는 아이가 다른 과목도 잘한다는 건 사실입니다. 한 가지 덧붙이자면 다른 과목을 잘하는 것뿐만 아니라 평소 생활에서도 논리적으로 생각하는 경우가 많았습니다. 그 이유는 수학이라는 학문이 가진 특성 때문입니다.

수학은 사고를 도와주는 학문이다

다들 알다시피 수학은 영어로 'Mathematics'입니다. Mathematics는 고대 그리스어 마테마(mathema:배운다)와 마테마타(mathemata:배우는 모든 것)라는 어원에서 유래된 말입니다. 마테마, 마테마타는 모두 배움이나 지식을 의미하는 단어인 마테시스(Mathesis)에서 파생된 단어입니다. 즉, Mathematics는 '배우는 것', '깊게 사고하는 것', '사고를 통해 지식을 이해하는 것'이라는 의미를 가진 단어입니다.

'수학은 수를 이용한 학문이다', '수학은 수를 이용하여 계산하는 학문이다'라는 일반적인 생각과 달리 수학이라는 단어의 어원에는 수(Number, 數)와 관련된 내용은 전혀 담겨 있지 않습니다. 그런 점에서 우리가 흔히 생각하는 것처럼 수를 이용하여 기계적으로 계산하는 것은 수학을 제대로 공부하는 것이라고 말하기 어렵습니다.

수학은 논리적인 생각의 과정을 거쳐 체계적으로 풀이하여 결론을 도출해내는 것입니다. 앞서 설명한 Mathematics라는 어원에 이런 뜻이 담겨 있다 보니 수학자들이 수학이 모든 학문의 근간이 된다고 말하는 것입니다. 수학 잘하는 아이가 다른 과목도 잘한다는 제 주장에 50% 정도 설득되었나요?

수학 교과가 단순히 계산을 목적으로 하지 않는다는 사실은 수학과 교육과정에도 다음과 같이 나타나 있습니다.

"수학의 지식과 기능을 활용하여 수학 문제뿐만 아니라 실생활과 다른 교과의 문제를 창의적으로 해결할 수 있다."

정리하자면 수학은 수학 문제를 잘 풀기 위해 배우는 게 아닙니다. '깊게 사고하는 법', '사고를 통해 지식을 이해하는 것'을 배우기 위해 공부하는 것입니다.

수학이 사고를 도와주는 학문임을 뒷받침해주는 근거가 하나 더 있습니다. 헝가리 태생의 세계적인 수학자 조지 폴리아(George Polya)가 개발한 것으로 알려진 4단계 문제해결 방법(Steps to problem solving)을 보면 수학을 잘하면 다른 과목도 잘하게 되고, 더 나아가 세상을 살아가는 방법도 배우게 된다는 것을 알 수 있습니다.

조지 폴리아가 제시한 문제해결의 4단계 절차는 다음과 같습니다. 이 단계는 실제 초등 수학에서 문제를 해결할 때 학생들이

1단계 문제 이해 (Understand the problem)

2단계 계획 수립 (Make a plan)

3단계 계획 실행 (Do the plan)

4단계 반성 (Look Back)

조지 폴리아(George Polya)의 4단계 문제해결 방법

사용하기를 권장하는 방법입니다. 그래서 교육과정이 개편되더라도 교사용 지도서에서 매번 빠지지 않고 등장하는 내용이기도 합니다.

1단계 : 문제에서 주어진 조건과 구해야 할 것이 무엇인지 확인하는 단계
2단계 : 그림이나 그래프를 이용해 문제를 해결할 수 있는 방법을 계획하는 단계
3단계 : 계획 수립 단계에서 계획한 전략을 활용하여 문제를 해결하는 단계
4단계 : 제대로 풀이했는지, 과정은 올바르게 진행되었는지, 다른 전략은 없는지를 성찰하는 단계

조지 폴리아가 제시한 4단계 문제해결 방법을 보았을 때 어떤 생각이 드나요? 이 방법을 수학 교과에서만 사용할 수 있을까요? 다른 교과의 문제나 해결하기 어려운 실생활의 문제를 해결하고자 할 때도 이 절차를 그대로 따라 할 수 있지 않을까요?

수학은 일종의 기술입니다. '생각하는 기술.' 그래서 서양의 중세 대학에서 가르치던 '3학 4과'(서양의 중세 대학에서 가르치던 과목을 말한다. '3학'은 문법, 논리학, 수사학을, '4과'는 산술, 기하학, 음악, 천문학을 가리킨다.)에 산술과 기하학이 빠지지 않았던 것입니다.

수학을 잘하는 아이가 다른 과목도 잘할 수밖에 없습니다. 그

이유는 수학이 사고력을 길러주는 교과이기 때문입니다. 사고력은 이치에 맞게 생각하는 힘입니다. 이 능력은 국어, 사회, 과학과 같은 교과에서도 필요로 하는 힘이죠. 사고력이 있다면 다른 교과 공부는 어렵지 않게 해낼 수 있습니다. 어때요? 절대 수학을 놓쳐서는 안 되겠다는 생각이 들지 않나요?

수학을 잘할수록 자기효능감이 높아진다

초등학교에서 수학을 잘한다는 것은 단순히 한 과목을 잘하는 것 이상의 위력을 가집니다. 수학을 잘한다는 사실이 다른 과목에도 큰 영향을 미치기 때문이죠. 쉽게 말해 수학을 잘하면 "나는 수학을 잘하니까 다른 과목도 잘할 수 있어"라고 믿는 자기효능감이 높아집니다.

그런데 이러한 자기효능감은 타인들의 시선과 맞물려서 작용하게 됩니다. 스스로 잘할 수 있다고 생각하기도 하지만, 주변 친구들이 나를 공부 잘하는 아이로 간주하게 되면 자기효능감이 높아지기도 한다는 말입니다.

교실 속 예를 하나 들어보겠습니다. 신기하게도 초등학교 학생들 사이에서 수학 잘하는 것과 공부 잘하는 것은 동의어로 사용됩니다. 아이들의 무의식 속에 수학을 잘하면 다른 과목도 다 잘할 것이라는 생각이 깔려 있죠. 그래서인지 아이들은 수학 잘하는 아이에게 보이지 않는 우등생 딱지를 붙여줍니다. 실제로 그 학생이 수학 이외의 다른 교과를 잘하는지 못하는지는 아무런 상관이 없습니다. 이건 이미지일 뿐이니까요.

　공부 잘하는 우등생 이미지를 갖게 되었다는 말은 아이들 사이에서 학습으로 인정받았다는 것을 의미합니다. 친구들의 인정은 당연히 나에게 영향을 미칠 수밖에 없겠죠? 학급의 많은 친구가 "넌 공부 잘하는 친구야"라고 말해준다면 처음에는 아무 생각이 없었더라도 '아, 나는 공부를 잘하는구나', '나는 공부에 소질이 있는 모양이다'라고 생각하게 되지 않을까요? 이러한 생각은 시간이 지나면서 '나는 수학을 좋아하고 잘하니 다른 과목도 잘할 수 있을 것 같아. 다른 친구들이 내가 공부 잘한다고 말하는 걸 보니 조금만 더 노력하면 될 것 같기도 하고'와 같은 생각으로 발전해나갑니다. 단지 다른 친구들에 비해 수학을 조금 더 잘했을 뿐인데 시간이 흐를수록 다른 과목들도 잘하게 되어버리는 것이죠.

　여러 연구 결과에 따르면 하나의 교과를 통해 생겨난 자기효능감이 다른 교과로 전이되거나 그 교과를 넘어 학습 전반적인 내적 동기를 유발하는 데 영향을 미친다고 합니다. 제가 앞서 이야기한 교실 속 사례처럼 말이죠. 어때요? 이제 수학 잘하는 아이가 다른 과목도 잘한다는 제 주장에 100% 설득되었나요?

수학 잘하는 애들은
왜 수학 노트를 쓸까요?

초등학교라는 공간에서 매일 아이들을 마주하다 보니 교과 공부를 잘하는 학생들마다 조금씩 다른 특징을 가지고 있다는 걸 발견하게 되었습니다. 먼저 말하고 쓰는 것에 재능이 있는 학생들은 대부분 책을 가까이합니다. 쉬는 시간이든 수업 시간이든 틈만 나면 읽을 자료를 꺼내더라고요. 또 상상을 자주 합니다. 머릿속에서 이런저런 생각을 펼쳐나가는 걸 즐깁니다. 역사에 해박한 아이들은 인물을 기억하는 것을 즐깁니다. 같은 내용을 설명해줘도 누가 그 자리에 있었는지, 어떤 사람과 함께했는지에 집중합니다.

그렇다면 수학을 잘하는 아이들에게선 어떤 특징이 나타날까요? 제가 발견한 건 수학 노트를 쓴다는 사실입니다. 사실 수학 교과서와 수학익힘은 문제 풀이를 위한 여유 공간을 어느 정도 제공하고 있습니다. 또한 수식이 그렇게 복잡하지 않다 보니 대부분 책에다 풀이 과정을 적습니다. 그런데 수학을 잘하는 아이들은 누가 시키지 않아도 수학 시간이 되면 수학 노트를 꺼냈습니다. 수학 잘하는 애들이 왜 수학 노트를 쓰는지에 대한 호기심은 그때부터 시작되었습니다.

문해력과 노트 정리

학습코칭전문가들은 노트 정리만 잘해도 문해력을 높일 수 있다고 말합니다. 실제로 초·중·고등학교에서 상위권을 차지하고 있는 학생들의 노트를 보면 '헉' 소리 날 정도로 깔끔하게 정리되어 있습니다.

이 부분에서 한 가지 궁금한 점이 생기지 않나요? 노트 정리를 잘해서 문해력이 높아지고 공부를 잘하게 된 것일까요, 아니면 애초부터 높은 문해력을 지니고 공부를 잘하니까 노트 정리를 잘하게 된 것일까요? 사실 저도 잘 모르겠습니다. '닭이 먼저

냐, 달걀이 먼저냐와 같은 문제가 아닐까 싶네요. 여하튼 중요한 사실은 공부 좀 한다고 하는 학생들의 노트는 언제나 보기 좋게 정리되어 있다는 것입니다.

문해력이란 글을 읽고 말을 듣고 이해하는 능력을 가리킨다고 했습니다. 여기서 한 걸음 나아가면 잘 활용하는 것까지 포함할 수 있겠죠? 그런데 이런 문해력과 밀접한 관계가 있는 게 노트 정리라는 사실을 알고 있나요? 노트를 보면 아이가 어느 정도의 문해력을 가졌는지를 파악할 수 있습니다. 더불어 문해력을 길러줄 수 있는 실마리가 되는 것도 노트이고요.

보통 노트 정리라 하면 선생님이 칠판에 적어준 내용을 그대로 옮겨 적는 걸 떠올립니다. 하지만 그건 제대로 된 노트 정리라고 할 수 없습니다. 굳이 말하자면 '판서 복사' 정도 될까요? 수업 시간에 읽은 내용, 들은 내용을 내 것으로 곱씹어본 다음, 나만의 언어로 다시 꺼내놓는 게 제대로 된 노트 정리입니다. 이와 같은 과정을 거쳐 정리된 노트를 보면 이 학생이 어느 정도 이해했는지를 바로 파악할 수 있습니다. 아는 만큼만 꺼내놓았을 테니까요.

또한, 내가 읽거나 듣고 이해한 내용을 나의 언어를 이용해 글로 정리해보는 경험은 메타인지를 작동시킵니다. 노트 정리라는 게 그냥 무턱대고 쓸 수 있는 게 아니죠. 한 문장이라도 쓰려면 어떤 내용을 읽었는지, 들은 내용 중 중요한 단어는 무엇인지, 빼도 되는 내용은 무엇인지를 생각해야 합니다. 내가 무엇을 알고 무엇을 모르는지 끊임없이 생각하는 과정을 거치면서 쓰게 되는 거예요. 또한 노트 정리는 어쩌다 한 번씩 쓰는 일회성 프로젝트가 아닙니다. 매시간 꾸준하게 쓰면서 생각의 근육을 단련하는 장거리 마라톤입니다. 이렇게 노트 정리를 계속해간다면 어떤 일이 일어날까요? 자연스럽게 문해력이 길러지지 않을까요?

스탠퍼드 대학에서도 노트 정리를 가르친다

미국 캘리포니아주 팔로알토에 있는 세계적인 명문 사립대 스탠퍼드 대학교에서는 대학생들에게 노트 정리하는 방법을 가르친다고 합니다. 중고등학교 학생들이 아닌 대학생들에게 노트 정리를 가르친다니 신선하지 않나요? 그만큼 노트 정리가 기억의 재생과 관련 있는 학습 역량 중의 하나라고 생각하기 때문이 아닐까 싶습니다.

그런데 노트 정리 방법을 배우는 것은 스탠퍼드 대학교 학생들보다 초등학생들에게 더 필요하지 않을까요? 초등학생 시기에 노트 정리 방법을 제대로 정립해둔다면 평생 사용할 수 있는 유용한 재산이 될 테니까요. 충분히 해볼 만한 투자죠?

초등학교 학생들은 중고등학교 학생들과는 다르게 한번에 여러 가지 필기구를 사용하는 멀티태스킹이 되지 않습니다. 간혹 되는 학생들도 있지만, 대부분 어려워하죠. 책상 위에 화려한 형광펜을 쭉 펼쳐놓고 골라서 쓴다거나 핵심적인 문장과 단어를 선택해서 볼펜 색을 바꿔서 표현하기는 아직 어렵습니다. 그 정도 발달 단계가 아니기 때문이죠.

그러므로 초등학생들의 노트 정리는 중고등학교 학생들이 하는 방법과는 달라야 합니다. 노트를 다채롭게 꾸미기보다는 알아보기 쉽게, 최대한 깔끔하게 정리하는 데 집중해야 합니다.

상위 1%의 학생들은 어떻게 노트를 정리할까?

노트 정리와 관련된 서적들은 대부분 이런 제목입니다. 《서울대 합격생 노트 정리법》, 《서울대 합격생 100인의 노트 정리법》,《도쿄대 합격생 노트 비법》,《진짜 공신들의 노트 정리법》 등. 노트 정리를 잘하면 서울대나 도쿄대에 진학하거나, 공신이 될 거라는 기대감이 상승하지 않나요? 머지않아 초등학생들을 겨냥한 《민사고 노트 정리법》,《대치동 학생들의 노트 정리법》 이라는 책들이 나오게 될지도 모르겠습니다.

《도쿄대 합격생 노트 비법》[9]의 저자 오타 야야(太田 あや)는 우연히 도쿄대 학생의 강의 노트를 보게 됩니다. 이해하기 쉽게 잘 정리된 노트를 보고 오타 야야는 노트 정리와 도쿄대 합격에 대한 의문을 품게 되죠. "특정한 노트 정리 방법이 도쿄대에 합격할 정도의 우수한 학업 성취를 만드는 게 아닐까?" 이 질문에 대한 해답을 찾기 위해 그는 도쿄대에 재학하는 학생들의 고등학교 시절 노트를 수집하기 시작했습니다. 그리고 200권이 넘는 노트들 속에 담겨 있는 일곱 가지 핵심 법칙을 뽑아냈죠.

《서울대 합격생 100인의 노트 정리법》[10]은 애당초 세 명의 서울대 학생들이 모여 집필하기 시작한 책입니다. 서울대 재료공학부를 졸업한 양현, 서울대 심리학과에 재학 중인 김영조, 서울대 디자인학부에 재학 중인 최우정, 이렇게 세 명이 모여 진행한 노트 정리 프로젝트였죠. 도쿄대학교 학생들의 노트를 수집했던 오타 야야와 마찬가지로 세 명의 서울대 재학생들은 200권이 넘는 서울대 학생들의 노트를 모아 분석했습니다. 그리고 그 속에서 다섯 가지 습관을 발견해냈죠.

《도쿄대 합격생 노트 비법》에서 소개하는 일곱 가지 법칙과 《서울대 합격생 100인의 노트 정리법》에서 소개하는 다섯 가지 습관은 서로 비슷할까요? 아니면 전혀 다를까요? 세부적인 내용이 궁금하다면 두 책을 직접 찾아보는 게 좋을 것 같습니다. 저는 두 책에서 공통으로 강조하는 원칙 하나만 소개하고자 합니다. 그 원칙은 바로 문해력을 높여주는 노트 정리법을 사용한다는 것입니다.

대한민국 최고의 대학으로 꼽히는 서울대와 일본 최고의 대학으로 꼽히는 도쿄대. 이 학교에 재학하는 상위 1%의 학생들이 사용한다는 노트 정리법이란 무엇일까요?

1. 선생님의 생각뿐 아니라 나의 사고 과정을 정리한다.

그대로 따라 적는 노트 정리는 No, No! 선생님의 생각을 적는 것도 좋지만, 내 생각을 정리하지 않으면 '나의 노트'라 부를 수 없습니다. 잘 써진 노트에는 나의 사고 과정이 '나의 말'로 정리되어 있습니다.

2. 자신이 이해한 핵심이 잘 드러나게 정리한다.

수업 시간에 배운 모든 내용을 정리할 필요는 없습니다. 잘 써진 노트에는 배운 내용 중에서 가장 중요하다고 생각되는 내용이 골라 쓰여 있습니다.

3. '제목-중제목-소제목'에 맞춰 체계적으로 정리한다.

문해력이 높은 사람은 내가 듣고 읽은 내용을 머릿속에 체계적으로 정리해내는 사람입니다. 한 편의 글을 읽으면 나무에서 가지가 뻗어나가는 것처럼 제목 아래 중제목이 있고, 중제목 아래 소제목이 있습니다. 수업 시간에 배우는 내용도 똑같습니다. 잘 써진 노트에는 학습 내용의 구조에 알맞게 '제목-중제목-소제목'의 순서로 내용이 체계적으로 정리되어 있습니다.

4. 내용이 한눈에 들어오도록 여백을 충분하게 남기며 정리한다.

시간과 노력을 투자해 노트를 정리하는 이유는 무엇일까요? 다음에 이 내용을 다시 보게 되었을 때 들어갈 시간과 노력을 줄이기 위해서입니다. 잘 써진 노트에는 여백이 많습니다. 이렇게 여유 공간이 있으면 내용이 눈에 잘 들어옵니다.

이런 방법들을 통해 그들은 조금씩 문해력을 높여갔고, 결국 상위 1% 공부의 신이 되었습니다. 그렇다면 그들이 사용한 이 방법을 초등학생들의 노트 정리에 어떻게 적용하면 좋을까요?

수학 노트를 아끼지 말자

몇 해 전, 한국수업기술연구회(KAIS)가 주관한 흥미로운 수업 연수회가 있었습니다. 일본의 수업 명인으로 꼽히는 다니 가즈키 선생님(일본 수업 연구단체 TOSS의 리더)이 한국의 학생들을 대상으로 직접 수학 수업을 보여주는 행사였죠. 개인적으로 한 명의 학생도 소외되지 않고 모든 학생이 완벽하게 학습 목표를 달성하는 모습을 볼 수 있었던 인상적인 수업이었습니다. 우리 반 학생이 아닌, 그것도 다른 나라 학생들과도 수업할 수 있다는 점에 놀라기도 했고요.

사실 그날 다니 가즈키 선생님의 수업 능력도 훌륭했지만, 제 기억에 남았던 것은 '수학 노트 작성하는 법'이었습니다. 선생님은 이렇게 말씀하셨습니다.

"수학 노트를 아껴 쓰지 마세요.

수학 노트를 사치스럽게 쓸수록 수학 실력이 높아집니다."

제가 어렸을 때만 해도 몽당연필에 연필깍지를 끼워 쓰고, 사용하고 남은 색종이를 모아 다음에 다시 사용하는 것이 일반적이었습니다. 그런 학창 시절을 보낸 저에게 '학용품은 아껴 쓰는 것'이라는 신념은 어쩌면 당연한 것이었죠. 이런 저에게 수학 노트는 사치스럽게 써야 한다는 다니 가즈키 선생님의 제안은 충격적이었습니다.

그동안 가져왔던 신념과는 차이가 있었지만, 속는 셈 치고 다음 수학 수업부터 다니 가즈키 선생님의 조언을 따라봤습니다. 아이들에게 수학 노트를 사치스럽게 쓰자고 권유했습니다. 아끼지 말고 시원시원하게 써보자고 말했죠.

처음에는 대부분 학생이 의아해했습니다. "우리 엄마가 노트는 아껴 쓰는 거라고 했는데……", "선생님, 이렇게 많이 띄어 써도 되는 건가요?"라고 말하며 주춤하는 학생이 많았죠. 그런데 사치스럽게 노트 쓰기를 시작한 지 두 달이 지났을 때, 우리 반 아이들에게서 한 가지 변화가 나타났습니다.

두 달 전과 비교했을 때 가장 크게 변한 점은 우리 반 학생들의 서술형 문제 풀이 실력이 좋아졌다는 것입니다. 수학 노트에 문제에서 주어진 것, 구해야 할 것들을 구분해서 쓰다 보니 문제를 이해하는 능력이 높아졌습니다. 수학책이나 수학익힘책 구

현장 선생님의 한마디!

"얘들아, 제발 노트를 아끼지 말자!"

한눈에 들어오는 노트를 만들기 위해서는 노트 정리를 깔끔하게 해야 합니다. 그렇다면 우리는 언제 깔끔하다고 느낄까요? 질문을 조금 구체화해보겠습니다. 언제 집이 깔끔하다고 느끼시나요? 보통은 정리해야 할 게 아무것도 없을 때 깔끔하다는 느낌을 받습니다. 한마디로 여백이 있어야 한다는 것이죠. 노트 정리도 똑같습니다. 빼곡하게 채워져 있는 노트에서는 깔끔함을 느끼기 어렵습니다. 비어 있는 공간이 어느 정도 있어야만 글씨가 눈에 들어옵니다.

간혹 부모님께 절약정신이라는 유산을 선물 받아온 학생들이 있습니다. 이 학생들은 비어 있는 줄이 하나도 없이 빼곡하게 붙여 노트 정리를 합니다. 한 차시의 내용이 끝나면 다음 페이지에 기록해야 한다고 이야기했음에도, 어제 배운 내용과 오늘 배운 내용이 구분되지 않게 바짝 붙여서 쓰는 학생들이 있습니다.

그 학생들에게 "노트 정리를 참 촘촘하게 했네. 그런데 왜 이렇게 썼어?"라고 물어보면 다음과 같이 대답합니다. "엄마가 노트 아껴 쓰라고 해서요. 자원은 소중한 거잖아요." 물론 자원절약을 위해 노트를 빈틈없이 꽉 채워서 쓰면 노트 몇 장은 아낄 수 있습니다. 하지만 노트를 다시 보고 싶은 마음마저도 아껴질 수 있습니다.

노트를 아끼지 말고 시원시원하게 쓰는 것, 대범하게 여백을 남길 줄 아는 것, 잘 읽히는 노트 정리의 기본입니다.

석구석을 옮겨가며 여기 풀었다 저기 풀었다 하던 '메뚜기 계산법'이 없어지고, 풀이 과정을 일목요연하게 정리하며 풀 수 있게 되었습니다. 그러자 평소에 계산 실수를 자주 하던 학생들의 실수 비율도 현저히 줄어들었습니다. 다니 가즈키 선생님의 수학 노트 사치스럽게 쓰기는 불과 두 달 만에 우리 반 학생들에게 큰 변화를 만들어주었습니다.

수학 노트는 동양화처럼 쓰자

노트를 사치스럽게 쓴다는 것은 어떻게 쓰는 것을 말하는 걸까요? 비유적으로 표현하자면 동양화처럼 쓰는 것입니다. 동양화는 여백의 미를 강조합니다. 그림이 그려져 있는 부분보다 비어 있는 곳이 더 많죠. 여백이 있어서 그림이 눈에 잘 들어옵니다. 수학 노트도 마찬가지입니다. 노트에 빈 곳이 많아야지 내가 적은 수식이 눈에 잘 들어옵니다. 그렇다고 무턱대고 공간을 비우는 것은 아닙니다. 여유롭게 쓰는 것에도 방법이 있습니다. 지금부터 수학 노트를 동양화처럼 쓰는 네 가지 방법에 관해 이야기해보겠습니다.

1. 새로운 페이지에 쓴다.

날짜가 바뀌거나 학습 내용이 바뀌면 아끼지 말고 다음 페이지로 넘어갑니다. 아랫부분에 여백이 많이 남았더라도 과감하게 다음 쪽으로 넘기세요. 그래야만 나중에 다시 찾아보기 편합니다. 이렇게 하는 이유는 노트 정리의 목적 때문입니다. 수학 노트 정리를 하는 이유는 오늘의 수업 시간에 집중하기 위해서뿐만이 아닙니다. 사람의 기억은 휘발되기 때문에 일정한 시간이 흐른 다음 다시 찾아보기 위해 기록으로 남긴다는 목적도 있습니다. 필요할 때 다시 찾아보기 위해서는 알아보기 쉬워야 합니다. 찾기 쉽게 쓰는 것, 다시 보고 싶게 쓰는 것. 이 두 가지를 위해 과감하게 다음 장으로 넘어가세요.

2. 문제와 문제 사이는 두 줄 비운다.

보통은 문제와 문제 사이를 비우지 않습니다. 다음 줄에 바로 이어서 쓰는 경우가 일반적이죠. 하지만 이렇게 쓰면 문제를 구분하기 어렵습니다. 어디서부터 새로운 문제가 시작되었는지 찾아보기 어렵죠. 여유롭게 공간을 남겨야 합니다. 한 줄보다는 두 줄을 비우는 게 좋습니다. 한번 테스트해보세요. 두 줄을 비워 여유 공간을 많이 남기는 방법을 사용했을 때 훨씬 눈에 잘 들어옵니다.

3. 두 마디의 손가락을 활용한다.

아랫줄로 내려가는 경우가 아니라 오른편이나 왼편에 식을 정리해야 하는 경우가 있습니다. 이럴 때는 손가락 두 마디를 활용하는 게 좋습니다. 손가락 두 마디가 두 줄 정도 되기 때문이죠. 왼손을 노트 위에 올려 두 마디 정도 간격을 둔 뒤 써야 할 내용을 씁니다. 눈대중이 아니라 실제로 손가락을 활용하여 연습해야 합니다. 연습하는 초기에 신경 써서 지켜봐 준다면 얼마 지나지 않아 습관이 될 수 있습니다. 이 방법은 초등학교 저학년 때부터 바로 시작하는 게 좋습니다.

4. 줄을 맞춰 쓴다.

수식은 한 줄에 하나만 씁니다. 간혹 남는 공간이 아까워 수식을 연결해서 쓰는 학생들이 있습니다. 이렇게 쓰면 계산식의 논리적인 흐름을 파악하기 어려워집니다. 계산의 결과가 옳은지 그른지를 확인하기 위해서는 흐름 파악이 쉬워야 합니다. 줄을 맞춰 쓰는 것은 어떤 과정으로 문제 풀이가 이루어지고 있는지, 어떤 오류가 있었는지를 알아보기 쉽게 만들어줍니다. 정말

"얘들아, 선생님 포스트잇 부자야."

문화심리학자 김정운 교수의 《에디톨로지》[10]라는 책에 독일 학생들의 '카드 편집식 공부법'에 대한 이야기가 나옵니다. 교수님은 굉장히 논리적으로 설명 하셨지만 저는 간단하게 설명해보겠습니다. 수업 중 배운 내용을 노트가 아 닌 카드에 정리하는 것이 '카드 편집식 공부법'입니다. 어때요, 매우 간단하 죠?

카드의 앞면에는 배운 내용을 요약하고 뒷면에는 자기 생각을 적습니다. 이 렇게 정리된 카드를 꾸준히 모아갑니다. 그리고 필요할 때 이 카드들을 이리 저리 섞어보며 새로운 생각을 만들어냅니다. 학습 내용과 내 생각을 주체적 으로 편집해보는 것이죠. 노트는 편집이 불가능합니다. 반면 카드는 필요에 따라 다양하게 편집할 수 있습니다. 카드를 편집하면서 자신만의 이론을 만 들어내는 것, 이게 바로 '카드 편집식 공부법'의 핵심입니다.

물론 독일 학생들이 사용한다는 '카드 편집식 공부법'처럼 노트를 사용하지 않고 수업 내용을 모두 카드에 기록할 수도 있습니다. 다만 초등학생들에게 는 조금 생소하거나 어려울 수 있죠. 그래서 '지식의 주체적인 편집'이라는 장 점만 가져오기로 했습니다. 바로 3M에서 개발한 세계적인 히트상품, 포스트 잇을 활용하는 것입니다. 포스트잇의 최대 장점은 탈부착이 편하다는 것입니 다. 학생들은 그때그때 배운 개념을 포스트잇에 기록하고 필요할 때 떼어와 다른 개념들과의 상관관계를 알아봅니다. 내 방식대로 개념을 조합해보면 훨 씬 더 오랫동안 기억할 수 있습니다.

기초적이지만, 정작 많은 학생이 지키지 못하고 있는 문제 풀이 습관입니다.

아이들이 이 방법을 처음 시작하면 어디서부터 다음 줄로 내려야 하는지 막막해하는 경우가 있습니다. 그럴 땐 이렇게 말해 주세요. "이 노트를 처음 보는 사람이 쉽게 이해할 수 있으려면 어떻게 쓰는 게 좋을까?" 노트를 쓰는 사람이 아니라 읽는 사람 입장에서 잘 읽히게 정리한다고 생각하면 줄을 잘 맞춰 쓸 수 있 습니다.

수학 노트 쓰기, 이렇게 해보자!

우리 반에서 사용하는 수학 노트 정리법을 우리는 '달성노 트 정리법'이라고 부릅니다. 사실 이 방법은 제가 개발한 것은 아니고 익히 알려진 코넬식 노트 필기 시스템(Cornell note-taking system)을 변형한 방법입니다.

코넬식 노트 필기 시스템은 미국 뉴욕주 이타카에 있는 사립 대학교인 코넬 대학교의 교육학과 교수 월터 포크(Walter Pauk)가 고안해낸 방법인데요. 지금으로부터 70년 전, 1950년대에 코넬 대학생들의 학습효과를 높이기 위해 만들어졌습니다. 코넬식 노트 정리법은 70년이 지난 지금도 세계적으로 널리 사랑받고 있는 노트 정리 방법의 하나죠.

월터 포크 교수는 자신의 저서 《How to Study in College》[12]에서 이 노트 정리법을 소개했습니다. 코넬식 노트 필기 시스템은 크게 제목영역, 단서영역, 필기영역, 요약영역 이렇게 네 가지 영역으로 구분됩니다.

이 방식이 일반적으로 사용되는 코넬식 노트 필기 방법입니

- 제목영역에는 날짜와 단원, 오늘 배우는 학습 주제를 적습니다.
- 필기영역에는 수업 중 선생님이 판서한 내용이나 중요하다고 판단되는 표나 그 래프 등을 적습니다.
- 단서영역에는 필기영역에 적은 내용 중 중요하다고 생각되는 내용의 핵심어(키워 드)를 뽑아 적습니다.
- 요약영역에는 필기영역에 적은 내용을 포괄할 수 있는 한두 개의 요약 문장을 적 습니다.

다. 실제로 우리 반 학생들과 이 방법을 사용하여 한 학기 동안 수학 노트를 정리해봤습니다. 아이들도 저도 만족도가 높았습니다. 하지만 1% 부족한 부분이 있었습니다. 바로 '내 생각'을 적을 수 있는 공간이 없다는 것입니다. 수학 지식에 집중할 수 있었지만, 수학 지식을 배워가는 과정에 '내 생각'을 나타낼 수 있는 공간은 없었습니다.

정리해보자면, 선생님이 설명해주는 학습 내용을 체계적으로 정리할 수는 있지만 오늘 배운 내용에 대한 내 생각을 기록해보는 공간은 마련되어 있지 않다는 게 이 코넬식 방법이 가진 맹점이었습니다.

이 점을 보완해서 만든 것이 바로 '달성노트 정리법'입니다. '달리쌤의 성찰 노트 정리법', 줄여서 달성노트 정리법이 되는 것이죠. 어때요? 역대급 작명 센스에 놀라셨죠?

달성노트 정리법에서는 코넬식 노트 필기에 포함되는 제목영역, 단서영역, 필기영역은 그대로 사용하되 요약영역 부분을 성찰 일기를 쓰는 것으로 업그레이드시켜봤습니다. 코넬식 방법의 요약영역과 달리 달성노트 정리법에는 학습 내용에 대한 성찰이 포함됩니다. 반성적 사고(Reflective thinking)의 기회를 노트속에 넣은 것이죠.

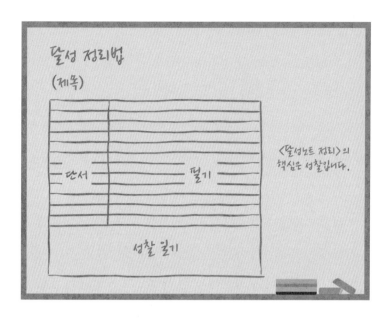

성찰(Reflection)은 '자신이 한 일을 되돌아보는 일'을 뜻하는 단어입니다. 그렇다면 수학 수업에서는 무엇을 어떻게 성찰해야 할까요? 수학 노트에서 성찰 부분에 써야 하는 내용은 다음과 같은 것들입니다.

- 오늘 수업에서 새롭게 배우게 된 개념이나 지식은?
- 오늘 배운 내용 중 이해하기 어려웠던 내용은?
- 오늘 계산 실수가 일어났던 부분은?
- 내가 이런 계산 실수를 하게 된 이유는?

- 오늘 배운 내용을 친구에게 쉽게 설명해줄 수 있을까?
- 오늘 배운 내용을 생활에 적용할 수 있을까?

노트 정리를 하는 이유는 지식을 잘 기억하기 위해서만이 아닙니다. 내 생각을 변화시켜 새로운 깨달음을 얻기 위한 것도 노트 정리로 얻을 수 있는 또 다른 가치입니다. 그런 점에서 반성적 사고의 과정을 기록해두는 '달성노트 정리법'으로 수학 노트를 정리해보는 건 어떨까요?

수학익힘책에는
왜 동그라미뿐일까요?

"수학은 뻔한 사실을 식상하지 않게 증명하는 것이다."

수학자 조지 폴리아가 남긴 말입니다. 세계적인 수학자들은
수학을 탐구하는 과정에서 자신이 얻게 된 깨달음을 짧은 문장
속에 녹여냈습니다. "수학의 여왕은 정수론이다"라고 말했던 가
우스나 "기하학(수학)에는 왕도가 없다"라고 말한 유클리드처럼
말이죠.

저는 이런 수학자들이 밟아간 학문의 궤적을 반의반도 따라
가지 못하지만, 감히 한마디해보겠습니다. 사실 이 말은 제가 매
년 첫 번째 수학 시간에 아이들에게 하는 말이기도 하고, 수시로

내뱉는 잔소리 아닌 잔소리이기도 합니다.

"열 문제를 풀어 열 문제 모두 맞았다면
내가 얻은 것은 하나도 없다."

_ 달리쌤

모르는 걸 알기 위해 문제를 푼다

수학 문제를 풀이하는 이유는 무엇일까요? 시험을 잘 보기 위해서? 엄마가 풀라고 해서? 그냥 풀어야 하니까? 제가 생각하는 수학 문제를 풀이하는 이유는 내가 아는 것과 모르는 것을 구분하기 위해서입니다. 문제 풀이를 해보지 않으면 무엇을 알고 무엇을 모르는지를 확인하기 어렵습니다.

가령 교실에 앉아 선생님의 설명을 듣고 있는 아이들 열 명 중 아홉은 자기가 이 내용을 모두 알고 있을 거라고 생각합니다. 하지만 문제를 풀어보게 하면 '진짜 아는 아이'와 '잘 모르는 아이'를 쉽게 구분할 수 있습니다. 문제 풀이를 통해 아는 것과 모르는 것을 구분할 수 있게 되는 것이죠.

만약 열 문제를 풀어 열 개를 모두 맞았다면, 이건 내가 알고 있는 열 개가 무엇인지만 다시 확인해본 것일 뿐입니다. 틀린 문제가 없으니 얻은 것이 없는 셈이고요. 조금 과장해서 말하자면 시간 낭비를 한 것입니다. 모르는 것을 알아가는 데 시간 투자를 해야 하는데 아는 것을 확인하는 데 내 시간과 에너지, 연필심과 노트를 써버린 것이죠. 이건 마치 프로야구 선수가 고교 아마추어 선수가 던져주는 공을 모두 받아친 다음 "오늘 훈련 열심히 했네"라며 뿌듯해하는 것과 비슷합니다. 연습하긴 했지만 익히게 된 것은 없는 아이러니한 상황이죠.

실제로 초등학교 중위권 학생들에게서 이런 현상을 자주 관찰할 수 있습니다. 학생 중에는 자기가 맞을 수 있는, 충분히 쉬운 문제에만 도전하는 학생들이 있습니다. 이런 학생들은 얼핏 보면 수학을 잘하는 것처럼 보입니다. 이 학생들이 풀어낸 수학 익힘이나 수학 시험지를 보면 틀린 문제는 없고 동그라미뿐이니까요. 사실은 약간 어려워 보이는 건 풀지 않고 비워두었기 때문에 동그라미만 있는 것이죠.

'겉 공부'가 아니라 '속 공부'를 해야 한다

이렇게 이미 알고 있는 수학 문제들만 반복해서 푸는 방법으로는 새로운 개념을 깨닫게 되거나 자신이 가지고 있던 오개념을 개선하는 '진짜 배움'이 일어나지 않습니다. 저는 이런 공부를 '겉 공부'라고 부릅니다.

'겉 공부'를 하는 학생들에게서 찾을 수 있는 공통적인 특징이 있습니다. 이런 학생들은 일단 쉬운 문제에만 도전합니다. 그리고 정답지를 보고 맞은 문제에 동그라미를 크게 표시하죠. 어려운 문제는 보통 비워둡니다. 그래서 수학익힘을 쭉 넘기면 동그라미만 보입니다. 선생님이나 부모님이 주의 깊게 보지 않으면 "다 맞았네. 잘하고 있구나"라며 넘어가기 십상입니다.

그런데 이렇게 아는 문제만 푸는 전략은 그리 오래가지 못합니다. "근데 왜 마지막에 이 문제는 안 풀었어?"라는 질문을 피할 수 없기 때문이죠. 물론 이때 엄마의 따가운 레이저 눈빛이 옵션으로 추가되고요. 처음에는 "아, 그게 있었구나! 몰랐어요"라며 넘어갈 수 있지만 이 방법을 계속 사용할 수는 없습니다. 그러므로 '겉 공부'하는 학생들은 다음 전략을 짜내게 됩니다.

그들이 선택하는 다음 전략은 뒤에 있는 해답을 슬쩍 보고 답을 적는 것입니다. 그러고는 다른 문제들처럼 동그라미를 크게 쳐버립니다. 또는 틀린 답인데도 동그라미를 치는 대담함을 지닌 학생들도 있습니다. 일단 동그라미가 있어야 선생님과 부모님을 안심시킬 수 있으니까요. 이게 바로 '동그라미 안심 효과'입니다. 동그라미를 치는 학생도 안심하게 되고, 동그라미를 보는 부모님도 안심하게 되는 현상이죠.

그런데 '동그라미 안심 효과'가 가지는 치명적인 문제점이 하나 있습니다. 동그라미를 친 다음 날에는 내가 진짜 알고 맞은 것과 해답을 보고 동그라미를 친 문제를 구분할 수 있습니다. 그런데 다음 날, 또 다음 날이 되면 점점 긴가민가해집니다. 한 달이 지나면 내가 정말 알고 있어서 동그라미 표시를 한 것인지, 모르는데 그냥 동그라미 표시를 한 것인지를 구분할 수 없게 됩니다. 잊어버리게 된 것이죠.

결국 한 달 전에 했던 문제 풀이는 시간 낭비가 되어버립니다. 내가 알고 있는 것과 모르는 것을 구분한다는 문제 풀이의 목적을 달성하지 못했으니까요. 이처럼 동그라미에만 집중하다 보면 진짜 공부가 되지 않습니다.

틀린 문제에 스마일 표시를 하자

따지고 보면 동그라미보다 틀렸다는 가위표가 학생들에게 도움을 줍니다. 모르는 것을 알려주는 역할을 해주니까요. 그런데 대부분 학생은 가위표를 부끄러워합니다. 수학익힘을 검사할 때면 친구가 가위표를 볼까봐 가위표가 많은 쪽은 빨리 넘겨버립니다. 동그라미는 크게 표시하는데 가위표는 작게 표시합니다.

저는 이런 아이들에게 이렇게 말합니다. "틀렸다는 건 내가 알아야 할 게 무엇인지를 알게 되었다는 거야. 그러니까 부끄럽게 생각할 필요가 전혀 없어. 부끄럽게 생각해야 할 것은 내가 아는 것과 모르는 것을 구분하지 못하는 거지. 또는 창피하다고 생각해서 모르는 것을 아는 것처럼 포장하는 거야."

수학 교과서나 수학익힘을 풀어서 문제를 틀리면 부끄러워할 게 아니라 기뻐해야 합니다. 모르는 것을 발견했으니까요. 문제를 풀어 틀린다는 것은 더 높은 수학 실력을 갖추기 위한 준비 과정일 뿐입니다. 앞으로 조금씩 배워가면 되니까요. 열 문제를 풀어 열 문제 모두 틀렸다면 나는 내가 모르는 열 가지가 무엇인지를 알게 된 것입니다.

그래서 저는 수학 문제를 푼 다음, 문제를 틀리게 되면 가위 표를 하거나 체크 표시를 하는 대신 스마일을 그려보게 합니다. 그리고 이렇게 말합니다. "앞으로 틀린 문제에는 가위표가 아니라 스마일 표시를 그려보는 게 어떨까? 모르는 것을 찾았다는 것은 기쁜 일이잖아."

수학익힘, 어떻게 활용하는 게 좋을까?

2022년도부터 수학 교과서가 검정으로 바뀌었습니다. 기존에는 전국의 학생들이 같은 국정 교과서를 가지고 배웠지만 2022년도부터는 학교마다 서로 다른 수학 교과서를 선택할 수 있는 자율권을 가지게 되었습니다. 쉽게 말해 A 학교의 수학 교과서와 B 학교의 수학 교과서가 서로 다르다는 말입니다.

물론 교과서 발행 출판사가 달라지더라도 수학익힘의 구성 취지는 변하지 않습니다. 처음부터 수학익힘은 워크북으로 만들어졌습니다. 워크북이란 교과서에서 배운 내용을 제대로 이해하고 있는지 확인해보는 용도로 사용되는 보조 교과서라는 뜻입니다. 수학익힘은 어디까지나 보조 교과서이기 때문에 수학 교과서가 '주'가 되고 수학익힘이 '부'가 되어야 합니다. 수학익힘을 효과적으로 활용하는 방법을 세 가지로 정리해봤습니다.

1. 수학익힘을 풀이 전에 수학책의 내용을 설명해보자.

수학책과 수학익힘은 연결되어 있습니다. 그래서 수학책의 윗부분에는 이 내용과 연결되는 수학익힘의 쪽수가 적혀 있습니다. 수학익힘에서는 수학책에서 학습한 내용을 반복하고 심화하는 문제를 제시합니다. 그러므로 수학책 속의 개념을 확실히 잡은 다음에 수학익힘을 푸는 게 좋습니다.

수학책의 내용을 선생님의 설명이나 영상을 통해 배울 때는 다 아는 것 같지만 실제로 설명해보게 하면 입을 열지 못하는 경우가 많습니다. 그러므로 수학익힘을 풀기 전에 수학책의 핵심 내용을 1분 이내로 설명해보는 과정을 밟은 다음, 문제 풀이에 들어가는 게 좋습니다. 설명해보면서 어떤 내용을 배웠는지 다시 한 번 떠올려보는 것이죠.

2. 채점은 스스로 하자.

수학책과 달리 수학익힘은 문제의 정답과 풀이 과정을 제공하고 있습니다. 그 이유는 무엇일까요? 채점할 기회가 학생에게 있다는 것입니다. 수학익힘은 스스로 공부할 수 있는 능력을 길러주기 위해 만들어진 워크북입니다. 그러므로 자기 주도적으로 풀이하고 채점하는 게 좋습니다. 내가 실수한 풀이 과정과 올바른 풀이 과정을 나란히 두고 비교해보는 것도 좋은 공부입니다.

3. 수학익힘책을 자주 넘겨보자.

중고등학교 수학에서 강조하는 것 중 하나가 수학 오답 노트입니다. 서울대 합격 비법으로 자신의 수학 오답 노트를 들고 인터뷰하는 학생들의 모습, 한 번쯤 보셨죠? 초등에서는 오답 노트를 작성하는 게 다소 비효율적입니다. 학습 효과는 있지만 공이 너무 많이 들죠. 오답 노트를 만들지 않으면서 오답 노트의 효과를 누릴 수 있는 게 수학익힘책을 반복해서 보는 것입니다.

한번 틀린 문제는 다시 틀리게 될 확률이 높다고 하죠? 그래서 오답 노트가 학습에 효과적인 거고요. 수학익힘책을 쭉 넘겨보며 틀렸던 문제(스마일 표시를 한 문제)들을 확인하는 것만으로도 내가 모르는 개념이 무엇인지를 쉽게 떠올릴 수 있습니다.

왜 틀린 문제를
다시 틀릴까요?

"고3, 틀린 문제에 집중하자. 한 번 틀린 건 다시 틀린다."

_○○일보. 2019.06.03. 기사

"왜 틀리는 문제만 계속 틀릴까요?"

_ 전기기사, 기능사, 소방 설비기사 커뮤니티

"틀린 문제를 자꾸 틀리게 되는 이유가 뭘까요?"

_ 공인중개사를 준비하는 네이버 카페

틀린 문제를 다시 틀리는 것은 초등학생들에게만 해당하는 게 아닙니다. 고3 수험생도, 자격증을 준비하는 성인도 마찬가지입니다. 이상하게도 한번 틀렸다면 다음번에는 맞아야 하는데 또다시 틀리죠. "아! 이거 지난번에 틀렸던 건데"라고 알면서도 또 틀립니다. "인간은 같은 실수를 반복한다"는 격언이 생각나는 대목입니다.

그렇다면 왜 틀린 문제를 다시 틀리는 걸까요? 그 이유는 바로 학습 방법 때문입니다. 어떻게 학습하느냐에 따라 틀린 문제를 다시 틀릴 수도, 다시는 틀리지 않게 내 것으로 만들 수도 있습니다. 잘못된 학습 방법으로 공부한다면 고등학생이라도, 성인이라도 다시 틀리게 될 수밖에 없습니다. 초등학생들이 한번 틀린 문제를 반복해서 틀리게 되는 이유는 다음과 같습니다.

틀린 문제를 다시 틀리는 세 가지 이유

첫 번째, 틀린 문제를 살피지 않는다.

공부하는 방법을 알고 있는 학생들은 모르는 것, 틀리는 것을 줄여가는 공부를 합니다. 반면에 공부 방법을 모르는 학생들은 아는 것, 맞을 수 있는 것을 늘려가는 공부를 합니다. 두 유형 모두 책상에 앉아 집중하는 시간은 비슷합니다. 다만 그 결과에는 뚜렷한 차이가 있죠.

전자는 '내가 모르는 것을 어떻게 하면 알 수 있을까?'에 집중합니다. 후자는 '다른 거 더 공부할 게 없나?'에 집중합니다. 전자는 수학 문제집을 볼 때 틀렸던 문제가 눈에 들어옵니다. 후자는 내가 맞았던 문제가 눈에 들어옵니다. 전자는 시간이 지날수록 틀린 문제가 줄어듭니다. 후자는 시간이 지나도 틀린 문제, 모르는 문제가 그대로 남아 있습니다. 틀린 문제에 집중하지 않는다면 다음번에도 같은 실수를 반복할 수밖에 없습니다.

두 번째, 공부 편식, 공부하고 싶은 것만 공부한다.

초등학교 고학년 학생들에게서 많이 보이는 현상입니다. 부모님이 수학이 중요하다고 귀가 닳도록 이야기하니까 일단 책상 앞에 앉아 수학책을 펴긴 합니다. 그러고는 내가 읽고 싶고 풀어보고 싶은 부분만 공부하죠. 초등학교 6학년 학생을 예로 들어보겠습니다. 초등학교 6학년 1학기 수학 교과서에서는 다음 여섯 개 단원이 있습니다.

이 속에는 아이들이 선호하는 단원과 그렇지 않은 단원이 있습니다. 아이들이 어떤 단원을 선호할 것 같나요? 분수의 나눗셈? 비와 비율? 아무래도 학생들의 입장에서는 가장 쉬운 단원을 좋아하지 않을까요? 우리 반 학생들을 대상으로 조사해본 결과, 단원별 선호도는 다음과 같습니다.

영역	단원 명	선호도
수와 연산	분수의 나눗셈, 소수의 나눗셈	★★
도형	각기둥과 각뿔	★★★★★
측정	직육면체의 부피와 겉넓이	★
규칙성	비와 비율	★★★
자료와 가능성	여러 가지 그래프	★★★★★

공부 편식을 하는 학생들에게 "수학 공부하자!"라고 하면 각기둥과 각뿔, 여러 가지 그래프 이 두 단원을 공부합니다. 6학년 학생들이 가장 좋아하지 않는다고 꼽은 직육면체의 부피와 겉

넓이 단원은 거들떠보지도 않습니다. 겉넓이를 구하는 복잡한 계산은 하고 싶지 않기 때문이죠.

같은 시간을 공부하더라도 나에게 편한 것, 하고 싶은 것만 해서는 자신 없는 부분이 그대로 남아 있을 수밖에 없습니다. 평소에 겉넓이 구하는 문제만 나오면 자체적으로 스킵하고 넘어 갔는데 평가지에 출제된 겉넓이 문제를 잘 해결해낼 수 있을까요? 시험에서도 아마 비슷하게 대처할 거예요. 겉넓이 문제는 건너뛰고 풀지 않을까요? 가장 마지막까지 남겨 두었다가 울며 겨자 먹기로 풀겠죠. 마음속 깊은 곳에서부터 그 문제를 거부하고 있으므로 계산 실수가 나올 수밖에 없습니다. 결과적으로 또 틀리게 되고요.

음식을 편식하면 영양 불균형이 생겨 비만이나 저체중이 됩니다. 공부하고 싶은 것만 공부하는 공부 편식도 마찬가지입니다. 하고 싶은 것만 공부하면 학습 불균형이 생겨 틀리는 문제를 다시 틀리게 될 수밖에 없습니다.

세 번째, 문제 풀이에 집중한다.

"수학은 문제만 많이 풀면 잘할 수 있다"는 믿음을 가진 학부모가 많습니다. 이런 분들은 아이들이 초등학교 1학년일 때부터 연산 문제를 어마어마하게 풀게 합니다. '하루에 연산 50개 풀기', '일주일에 연산 200개 풀기'처럼 말이죠. 그렇다면 과연 문제 풀이에 집중하는 것이 수학 실력 향상에 어느 정도 영향을 미칠까요? 이 질문에 대한 답은 '턱걸이'라는 운동을 예로 들어 설명해보겠습니다.

턱걸이를 매일 10개씩 꾸준히 하면 한 달 뒤에는 어떻게 될까요? 10개 정도는 그리 어렵지 않게 할 수 있겠죠? 1년 동안 꾸준히 하면 20개, 30개도 해낼 수 있을 것입니다. 그런데 개수가 늘어나는 것만큼 전완근, 이두근, 삼두근, 광배근 같은 근육들도 발달할까요? 헬스 트레이너들의 이야기에 따르면 턱걸이 개수가 늘어나면 어느 정도까지는 근육이 성장한다고 합니다. 하지만 턱걸이 개수는 늘었더라도 몸의 변화가 거의 없는 경우도 많다고 합니다. 마치 수학 문제는 많이 풀었지만 수학 실력에는 변화가 없는 것처럼 말이죠.

근육의 성장에 결정적으로 영향을 미치는 것은 개수보다는 방법입니다. 어떤 부위에 어떻게 자극을 주느냐를 생각하며 개수를 늘려가야 합니다. 몸의 움직임을 이해하지 않고 단순히 개수만 늘려가는 방법으로는 근육을 단련할 수 없습니다.

수학 공부도 마찬가지입니다. 단순히 문제 푸는 절차만을 암기하며 많은 문제를 풀어가는 것은 수학 실력 향상에 그리 도움이 되지 않습니다. 턱걸이할 때 몸의 어떤 부분에 자극이 가는지를 이해해야 하는 것처럼 하나의 수학 문제를 풀어도 원리를 이해하는 데 집중해야 합니다. '이해'가 전제되지 않는 문제 풀이는 틀린 문제를 또 틀리게 만듭니다.

틀린 문제를 다시 틀리지 않는 방법

틀린 문제를 다시 틀리지 않으려면 집요해져야 합니다. "아, 또 틀렸네"라고 그저 탄식하며 넘어가서는 안 됩니다. 왜 틀렸는지 틀린 답을 쓰게 된 이유를 끈질기게 떠올려야 합니다. 그래야만 틀렸던 걸 계속해서 틀리는 수렁에서 빠져나올 수 있습니다.

초등 수학에서 학생들이 문제를 틀리는 이유는 다음과 같습니다.

하나, 문제에서 주어진 조건을 파악하지 못했다.
둘, 문제에서 구해야 하는 것을 파악하지 못했다.
셋, 문제와 관련된 수학적 개념을 알지 못했다.
넷, 개념은 알고 있지만 적용하는 방법을 알지 못했다.

다섯, 숫자를 잘못 봤다.

여섯, 계산 순서대로 과정을 밟아가지 못했다.

일곱, 풀이 과정에서 생긴 계산 실수 때문이다.

여덟, 휘날려 쓰며 계산해서 계산식을 알아보지 못했다.

아홉, 빨리 풀 생각에 허겁지겁 문제를 풀었다.

열, 검산 과정을 밟지 않았다.

한번 틀린 문제를 다시 틀리지 않는 방법은 의외로 간단합니다. 수학 문제를 풀었는데 정답을 맞히지 못했다면 이 열 가지 이유 중에 어느 것에 해당하는지를 생각해봅니다. 그다음 틀렸던 문제를 다시 풀어봅니다. 아마 다시 풀어봐도 또다시 틀릴 확률이 높습니다. 이렇게 쉽게 맞힐 수 있었다면 애초에 틀리지 않았을 테니까요. 하지만 괜찮습니다. 이번에도 틀리게 된 이유가 무엇인지 생각해본 다음 또다시 풀어보면 됩니다.

틀린 문제를 세 번, 네 번 풀어보면서 확실하게 이해하는 것. 이런 연습을 하다 보면 틀린 문제를 다시 틀리지 않을 수 있습니다.

우리 아이 수학 불안,
어떻게 극복해야 할까요?

수학 불안(Mathematics anxiety)이라는 개념이 있습니다. 수학 문제를 풀 때 마음이 불편해지고 초조해지거나 두려움을 느끼는 상태를 일컫는 말입니다. 학창 시절, 칠판 앞에 나와 수학 문제를 풀 때 심장이 두근거리던 느낌, 수학 시험을 볼 때 시간 내에 다 풀어야 한다는 심리적 압박감, 혼자 풀 때는 쉽게 풀리던 문제가 누군가가 보고 있다고 생각하면 잘 안 풀리지 않았던 답답함, 한 번쯤 이런 감정 느껴보지 않았나요? 마찬가지로 아이가 이런 수학 불안을 느끼는 것을 본 적 있지 않나요? 수학과 관련된 이러한 긴장감, 스트레스를 가리켜 수학 불안이라고 합니다.

우리 아이가 수학 불안을 겪고 있는 건 아닐까?

수학 불안이 일어나는 시점에 대해서는 학자들 사이에서 의견 차이가 있습니다. 초등학교 저학년 때부터 일어난다는 견해와 고학년이 되어야 일어난다는 두 가지 견해가 상반되죠. 그런데 현장에서 매일 수학 수업을 하는 교사의 눈으로 보자면 수학 불안은 전 학년에서 나타나는 것 같습니다.

먼저, 저학년 아이들이 겪는 수학 불안은 시험 불안과 연결되어 있습니다. 유치원에는 시험이라는 게 없다 보니 1, 2학년 아이들에게 "이건 단원평가니까 집중해서 풀어야 해요"라고 이야기하면 평소에 잘하던 계산도 잘 못하게 되는 경우가 많았습니다. 또, 자리에 앉아서 함께 구구단을 외울 때는 잘하던 아이가 일어서서 혼자 해보게 하면 "어? 뭐였더라?"를 남발하게 되는 경우가 있습니다. 초등학교 저학년에서 아이들의 학습 능력을 측정하기 가장 쉬운 교과가 수학이다 보니 저학년 아이들은 이처럼 수학 불안에 노출되는 상황에 자주 처하게 됩니다.

두 번째로, 초등학교 고학년 아이들이 겪는 수학 불안은 교사로서 공감이 많이 됩니다. 수학을 좋아하던 아이들이 학년이 올라가면서 점점 수학에 대한 부정적인 감정을 갖게 되는 경우입니다. 칠판 앞에 나와 수학 문제를 풀다가 틀리는 바람에 부끄러 웠던 일이나 채점된 단원평가 시험지를 보고 충격받은 상태에 서 옆자리 짝에게 "40점 맞았어?"라고 놀림 받은 일 등을 겪으면 서 점점 수학에 대한 이미지가 부정적으로 변해갑니다.

우리 아이가 '초등학생들을 위한 수학 불안 자가 진단 체크리 스트'의 일곱 가지 항목 중에 몇 가지에 해당하는 것 같나요? 저 학년이든, 고학년이든 수학 문제를 풀이할 때 이 같은 현상이 자 주 일어난다면 수학 불안을 의심해볼 필요가 있습니다.

초등학생들을 위한 '수학 불안' 자가 진단 체크리스트

☐ 시간표에서 수학이 들어 있는 요일은 피하고 싶다.
☐ 수학과 관련 있는 단어를 들으면 마음이 불편하다.
☐ 수학 시간에 선생님이 나를 지목하실 것 같아 조마조마하다.
☐ 수학 단원평가를 본다는 선생님 말씀을 들으면 마음이 떨린다.
☐ 수학 단원평가를 볼 때마다 지난번보다 더 많이 틀릴 것 같은 기분이다.
☐ 잘 알고 있는 문제도 사람들 앞에서 풀려고 하면 어렵게 느껴진다.
☐ 친구들은 오늘 배운 내용을 다 알고 있는 것 같은데 나만 모르는 것 같다.

수학 불안, 어떻게 해결할 수 있을까?

수학 불안과 관련하여 다수의 연구물을 발표한 김리나 선생님이 한국수학교육학회지에 기재한 〈초등학생 수학 불안에 관한 문헌 연구〉[13]에 따르면 수학 불안이 생겨나는 원인은 성별이나 개인적인 성향과 같은 선천적 요인과 교사, 학교, 가정과 같은 후천적 요인으로 구분해볼 수 있다고 합니다.

물론 불안이라는 감정이 단 하나의 요인으로 유발되는 단순한 감정은 아닐 거예요. 불안이라는 감정의 특성이 그렇듯이 수학 불안도 선천적, 후천적 요인이 복합적으로 작용해서 만들어지지 않을까요?

만약 우리 아이가 수학 불안을 겪고 있는 것 같다면 그 원인이 무엇인지를 생각해봐야 합니다. 원인을 알아야만 문제 해결의 실마리를 찾아 불안의 싹을 뽑을 수 있을 테니까요. 지금부터 수학 불안이 생기는 원인과 그에 따른 해결 방안을 여섯 가지로 소개해보겠습니다.

1. 완벽하게 풀어야 한다고 생각하는 완벽주의.

영화 타짜의 주인공 고니처럼 확실하지 않으면 승부를 걸지 않는 학생들이 있습니다. 이런 학생들은 완벽하게 풀지 못할 것 같으면 처음부터 도전하지 않거나, 설사 도전했더라도 정답을 완벽히 맞히지 못하면 스트레스를 받습니다. 개인적인 신념인 완벽주의는 긍정적인 영향을 줄 때도 있지만 수학 불안을 유발하는 커다란 원인이 되기도 합니다.

해결 방안

완벽주의 성향을 지녔다고 해서 모든 수학 문제를 완전무결하게 풀어낼 수 있을까요? 그럴 수 없죠. 따라서 완벽주의로 인해 수학 불안을 느낀다면 조금 틀려도, 완벽하지 않아도 아무런 문제가 일어나지 않는다는 것을 깨닫게 해줘야 합니다. 이런 아이들에게는 "틀려도 괜찮아"라는 말을 자주 해주세요. 그리고 스스로 "틀려도 괜찮아"라고 이야기하게 해주세요. 자신이 생각하는 완벽함이 깨져도 별탈이 없다는 사실을 깨달아야 수학 불안에서 벗어날 수 있습니다.

2. 정해진 시간 내에 모든 문제를 풀어야 한다는 압박감.

보통 수학 시험은 정해진 시간 내에 모든 문제를 풀어내야 합니다. 시간제한이 있다 보니 긴장되고 초조해지기 쉽죠. 이러한 시간의 압박 때문에 수학 불안을 느끼는 학생이 의외로 많습니다.

해결 방안

대입이 결정되는 수학능력시험과 다르게 초등 수학에서는 시간 내에 문제를 푸는 것에 집착할 필요가 없습니다. 오히려 한 문제를 풀더라도 문제를 해결할 수 있는 다양한 방법을 떠올려 보게 하여 수학적 유창성을 기르는 게 좋습니다. 시간의 압박으로 인해 수학 불안을 느끼는 학생에게는 제한 시간을 두지 말고 문제를 해결할 충분한 시간을 주세요.

3. 문제를 틀렸다고 자주, 많이 혼나서.

아이의 시험지를 확인하다 보면 "이렇게 쉬운 것도 못 풀어?", "지난번에 풀었던 문젠데 또 틀렸어?"라는 말을 쉽게 하게 됩니다. 그런데 틀린 수학 문제 때문에 자주 혼나거나 비난을 받은 아이들은 수학 불안을 느끼게 됩니다.

해결 방안

혼내지 마세요. 혼낸다고 수학을 잘하게 되는 게 결코 아닙니다. 혼나기 싫어서 공부하는 건 한계가 있습니다. 지금 당장은 효과를 발휘하는 것처럼 보일지 몰라도 장기적으로는 득보다 실이 많습니다. 배움은 흥미에서 출발합니다. 혼나면서 흥미를 느끼는 아이는 없다는 사실을 기억해주세요.

4. 타인과의 비교.

"옆집 시완이는 이번에도 100점 받았다는데?", "오빠는 한 문제 틀렸다더라?" 많이 들어본 말이죠? 연구자들에 의하면 타인과의 비교로 인해 수학 불안이 커질 수 있다고 합니다. 그런데 굳이 연구 결과가 없더라도 쉽게 추측할 수 있는 사실입니다. 다른 사람과 비교당하는 것을 좋아하는 사람은 없습니다. 특히 수학 점수로 친구와 비교당하는 건 학생들이 극도로 혐오하는 일이죠.

해결 방안

친구나 형제자매들과 비교하지 마세요. 특히 수학 점수만 가지고 비교하는 것은 반드시 피해주세요. 초등 수학에서는 점수라는 숫자 속에 담을 수 없는 것이 너무나 많습니다. 점수보다 중요한 건 수학적으로 생각하고 의사소통하는 태도입니다. 점수를 통한 비교가 이런 것들을 해칠 수 있습니다. 비교하는 것을 멈출 수 없다면 과거의 수학 실력과 현재의 수학 실력을 비교해 주세요. 비교의 대상은 타인이 아니라 나 자신이 되어야 합니다.

5. 틀리는 것을 부끄럽게 여기는 문화.

틀리는 것을 부끄럽게 생각하는 학교나 가정의 문화가 수학 불안의 원인이 됩니다. 수학 문제를 틀렸을 때 수치심을 느낀다면 수학 문제 풀이에 도전할 수 있을까요? 저 같아도 용감하게 도전했다가 틀려서 망신당하느니 도전하지 않고 가만히 있는 안정감을 선택할 것 같습니다. 수학 문제를 틀리는 것을 부끄럽게 생각하는 문화 속에 있는 아이들은 수학 문제를 마주하면 또 틀려서 부끄러워지는 게 아닐까 하는 수학 불안에 빠지게 됩니다.

해결 방안

학교와 가정에서 수학 문제를 풀 때 옳은 답을 말하지 못하거나 실수했다고 해서 창피를 당하는 문화는 없어져야 합니다. 조금 틀려도, 실수해도 자연스럽게 받아들여주는 문화를 만들어야 합니다. 그래야만 수학 불안에 빠지지 않고 학생들이 자신감을 가지고 수학을 배워갈 수 있습니다.

6. 부모나 교사의 기대에 부응해야 한다는 압박감.

"우리 아들, 이번 수학 시험 100점 받을 수 있지?", "이번에는 지난번처럼 실수 안 할 거라고 엄마는 믿어!", "이 정도 문제는 당연히 풀 수 있겠지", "이건 진짜 누구나 풀 수 있는 문제야"처럼 누군가의 기대는 자연스럽게 심리적인 부담과 연결됩니다.

부모 입장에서는 압박이 아니라 응원이겠지만 받아들이는 입장에서는 응원이 아니라 압박이 될 수 있습니다. 실제로 별것 아닌 말에도 민감하게 반응하는 초등학교 고학년 아이들의 처지를 떠올려보면 부모나 선생님의 이런 한마디가 '기대에 부응하지 못하면 어쩌지?'라는 압박으로 다가오지 않을까요?

해결 방안

우리 아이가 부모나 교사의 기대에 부응해야 한다는 압박을 느낀다면 어떻게 할 건가요? 당연히 기대에 못 미쳐도 괜찮다면서 토닥여주시겠죠. 그렇게 하면 됩니다. 부모가 희망하는 결과를 자녀에게 내보이는 걸 줄여주세요. 그리고 아이들이 희망하는 결과가 무엇인지를 물어봐 주세요. 기대한다고 이뤄지는 거였다면 이미 로또 1등에 수백 번 당첨되었을 거예요. 기대는 어디까지나 마음속의 바람일 뿐이라는 사실을 기억한다면 우리 아이를 수학 불안의 늪에서 벗어나게 할 수 있습니다.

　해마다 늘어나고 있는 수포자의 비율로 보았을 때 수학 불안을 느끼는 학생의 수도 점차 늘어날 것입니다. 어쩌면 수학 불안을 느끼는 학생 비율이 수포자 비율보다 높을 수도 있겠네요. 아이들은 커가면서 불안한 일들이 많을 텐데 굳이 수학에서까지 불안을 느껴야 할까요? 만약 우리 아이가 수학 불안을 느끼고 있는 것 같다면 어떤 이유로 그러한 감정을 느끼는지 관찰해보세요. 그리고 그에 알맞게 대응해주세요. 작은 변화로도 수학 불안에 빠진 아이를 도울 수 있습니다.

　원인이 너무 다양해서 복잡하다고요? 그렇다면 한마디로 정리해드리겠습니다. 수학 불안을 느끼는 아이의 감정에 공감해주세요. 불안을 느끼는 주체가 내가 되었다고 생각해보면 아이를 어떻게 대해야 할지 길이 보일 겁니다.

수학이 어려운
엄마들에게 드리는 조언

"내가 수학을 놓게 된 건 우리 엄마 때문이야."

초등학교 동창들과 커피를 마시며 이야기를 나누다 친구가 내뱉은 말에 깜짝 놀랐습니다. 그 친구는 초등학교 5학년 때부터 수학을 포기한 친구였거든요. 저는 25년 동안 친구가 공부하는 것에 흥미를 못 느껴 스스로 수포자의 길을 선택했다고 생각해왔습니다. 그런데 엄마 때문에 수포자 되었다는 친구의 이야기는 정말 의외였습니다. 자기가 공부를 포기하게 된 원인을 엄마에게 돌리려는 책임 전가의 느낌이 들어 "핑계 없는 무덤은 없다더니"라고 말하려던 찰나, 친구의 이야기를 들어보니 공감되는 부분이 많았습니다. 수학을 놓게 된 원인이 엄마 때문이라고 말하게 된 이유를 제 친구에 빙의해서 설명해보겠습니다.

엄마를 탓하게 된 이유

하나, 엄마도 수학을 싫어했다.

"일단 엄마가 수학을 싫어하셨어. 엄마도 학교 다닐 때 수학을 못했다고 하면서 수학 이야기만 나오면 어렵다는 표정을 지으셨거든. 한 번씩 모르는 문제를 물어보면 '엄마는 수학을 잘 모르니까 아빠한테 물어볼래?'라고 말씀하셨어. 그런데 평소에 아빠랑 이야기할 시간이 거의 없었거든. 결국 모르는 걸 알지 못하고 그냥 넘어가 버리는 경우가 대부분이었어. 그러다 보니 나도 점점 수학을 싫어하게 되더라. 이런 걸 보면 수학을 싫어하는 성향 같은 것도 유전이 아닐까 싶어. 아니면 엄마가 수학을 싫어한다는 게 나에게도 스며들어서 수학을 싫어하게 된 것 같기도 하고. 아무튼 유전적인 원인 때문인지, 후천적인 가정환경 때문인지 확실하게 말하긴 어렵지만, 엄마의 영향을 받은 건 확실해."

둘, 엄마가 수학책을 보는 날에는 꼭 다퉜다.

"가끔 엄마는 내가 수학 수업을 얼마만큼 이해하고 있는지가 궁금하셨는지 학교에서 수학책을 가지고 오라고 말씀하실 때가 있었어. 나는 엄마 입에서 이 말이 나올 때가 제일 싫었어. 일단 모르는 게 많다 보니까 수학책에 못 풀거나 틀렸다고 표시된 문제가 많았거든. 내가 봐도 한숨이 나오는데 우리 엄마는 오죽했겠어? 그래서 엄마가 수학책을 보는 날에는 어김없이 집안이 시끄러워졌어. 이건 왜 안 풀었냐, 이건 왜 틀렸냐, 왜 이렇게 틀린 게 많으냐, 이렇게 틀린 게 많은데 부끄럽지도 않냐, 이건 맞은 거냐 틀린 거냐, 틀렸으면 다시 풀어야 하는 거 아니냐, 모르면 다른 사람에게 물어봐서 알아야 하는 게 당연한 거 아니냐, 이 문제는 풀이 과정이 안 보이는데 진짜로 푼 게 맞느냐 등. 잔소리 폭탄을 맞았지. 처음에는 그냥 듣고 있었는데 나중에는 나도 머리가 컸다고 '몰라서 못 풀었다고요'라고 받아쳤지. 이렇게 다투게 될 때가 많았어. 그래서 수학책은 거의 학교에 두고 다녔어."

셋, '선생님한테 물어봐!'라는 말을 자주 했다.

"우리 엄마가 제일 자주 했던 말이 '선생님한테 물어봐!'였어. 부모 입장에서는 당연히 선생님한테 물어보라고 말할 수 있지. 그런데 막상 학생 입장에서는 마땅히 물어보기 뭐한 상황이 많아. 뭘 물어봐야 할지 모르기 때문이지. 뭘 알아야 물어볼 것도 생기는데 집에서는 수학 이야기만 나오면 기분이 상하니까 아는 게 없는 거지. 그래서 선생님이 매시간 질문하라고 해도 질문은 한 달에 한 번 정도 했던 것 같아. 진짜 질문할 게 없었거든. 질문도 어느 정도 아는 애들만 할 수 있는 거야. 그리고 이건 이제 와서 생각난 건데, 그때 엄마가 왜 선생님한테 물어보라고 했는지 그 이유를 조금 알 것 같아. 엄마도 귀찮았을 거야. 내가 초등학생 때 엄마 퇴근 시간이 7시가 넘었거든. 7시에 들어오셔서 저녁 드시고 씻고 집안 정리 좀 하면 금방 잘 시간이 되잖아. 그런데 그때 수학을 가르쳐준다는 게 어디 쉬운 일인가. 당연히 전문가인 선생님이 학교에서 가르쳐주길 바라셨겠지. 그래서 선생님한테 물어보라고 하신 것 같아. 지금 생각해보면 엄마 입장이 충분히 이해돼. 다만 하나 걱정인 건 나중에 내 애한테도 우리 엄마가 나한테 했던 것처럼 똑같이 하게 되지 않을까 하는 생각이 든다는 거?"

수학에 대한 부정적 감정은 전염된다

제 친구는 자기가 수학을 포기하게 된 원인을 엄마 때문이라고 말했습니다. 엄마 탓이 100%라고 말할 순 없지만, 적지 않은 영향을 미쳤다는 것에는 저도 동의합니다. 그렇게 생각하는 이유는 심리학에서 자주 언급되는 개념인 '감정의 전염(Emotional contagion)', '정서 전염' 때문입니다.

한 사람이 짜증을 내면 그 주변 사람들도 짜증을 내게 된다는 이야기 들어보았나요? 항상 밝은 에너지를 뿜어내는 '해피바이러스' 성향의 사람들과 있으면 덩달아 기분이 좋아지는 것처럼 사람의 감정은 전염됩니다.

세계적인 심리학자이자 베스트셀러 《EQ 감성지능》[14]의 저자 대니얼 골먼은 인간은 자신이 느끼는 감정을 타인들과 공유하고자 하는 본성을 가진다고 주장했습니다.

감정은 마치 향기처럼 의도하지 않더라도 뿜어져 나오고, 그 주변에 있는 타인들을 자연스럽게 동화시킨다는 것입니다. 그런 점에서 봤을 때 수학에 대한 어머니의 부정적인 감정은 제 친구에게 자연스럽게 전달되었을 거예요.

친구 어머니 ━━━━━━━━▶ 친구
수학에 대한 부정적 감정

수학을 싫어한다고 말한 점, 그리고 수학 문제를 풀지 못하거나 틀린 걸 부끄럽고 잘못된 것으로 생각하셨다는 걸로 보았을 때 친구 어머니는 수학에 대한 부정적인 감정을 가지고 계셨던 것 같죠? 그리고 이런 부정적인 감정이 아들에게 고스란히 전달되어버렸고요. 이 때문에 제 친구는 수학을 어렵게 느끼고, 이런 경험이 누적되면서 수학에 대한 관심의 끈을 놓아버리게 된 게 아닌가 싶습니다.

사실 이런 경우는 제가 맡았던 학급에서도 많이 보았습니다. 학부모 상담을 해보면 물어보지 않았는데도 "제가 학교 다닐 때 수학을 잘하지 못해서", "우리 민영이처럼 저도 수학을 별로 안 좋아해서"라고 말씀하는 분들이 있습니다. 이렇게 말씀하는 부모의 자녀는 거의 100이면 100 수학 실력이 좋지 않았습니다. 단순히 실력이 좋지 않은 것뿐만 아니라 수학 자체를 싫어하는 경우가 많았죠. 그래서 그분들에게 항상 이렇게 이야기해드렸습니다. "어머니, 어머니께서 수학을 좋아하지 않으셔도 아이들 앞에서는 수학을 좋아하는 것처럼, 수학을 재밌어하는 것처럼 이야기해주세요. 믿으실지 모르겠지만 수학을 대하는 태도도 전염된답니다."

"엄마 때문이야"라는 비난을 피하는 방법

　내 아이에게 "내가 수학을 놓게 된 건 엄마 때문이야"라는 비난을 받게 된다면 기분이 어떨까요? 내 아이를 수포자로 만들고 싶은 부모는 없을 테니 이런 이야기를 듣고 달가워할 부모는 없을 거예요. 그런 의도가 아니었기 때문에 억울한 마음도 있을 거고요. 그렇다면 "엄마 때문이야"라는 비난을 피하려면 어떻게 해야 할까요? 방법은 간단합니다. 수학에 대한 부정적인 감정을 감추는 거예요. 더불어 긍정적인 감정을 표현해보면 더 좋겠죠?

　부정적인 감정을 감추고 오히려 아이가 수학에 대해 긍정적인 감정을 가질 수 있게 만드는 방법이 있습니다. 복잡하게 느낄 수 있으니 '해야 할 것'과 '하지 말아야 할 것'으로 딱 나누어보았습니다. 이대로만 따라 한다면 원치 않는 비난을 받게 되는 일은 없을 거예요.

　이렇게 '해야 할 것'과 '하지 말아야 할 것'을 구분해놨지만, 아이를 앞에 두면 이 내용이 생각나지 않을 때가 있을 거예요. 그럴 땐 딱 하나만 생각하세요. 수학에 대한 긍정적인 감정, 내가 하는 행동과 내가 내뱉는 말이 수학에 대한 긍정적인 감정을 갖게 하는 것인지, 부정적인 감정을 갖게 하는 것인지를 떠올려보세요. 그러면 어떻게 말하고 행동해야 할지 밑그림을 그려볼 수 있을 거예요. 기억해주세요, 감정은 전염된다는 사실을.

해야 할 것	하지 말아야 할 것
수학은 재미있는 것이라고 말하는 것	수학은 어렵고 지루한 것이라고 말하는 것
수학을 잘할 수 있다고 믿어주는 것	"아빠/엄마 닮아서 못해"라고 말하는 것
수학 실수를 긍정적으로 생각하는 것	수학 실수를 부정적으로 생각하는 것
수학과 관련된 이야기를 자주 하는 것	수학과 관련된 이야기를 피하는 것
어려운 문제에 도전하는 것을 격려하는 것	틀리지 않는 것을 중요하게 여기는 것
창의적인 방법에 집중하는 것	계산에 집중하는 것
개념 실수에 집중하는 것	계산 실수에 집착하는 것
수학 실력에 집중하는 것	수학 점수에 집착하는 것
정답보다 풀이 과정에 관심을 두는 것	정답과 오답을 구분하는 것

초등 수학에 자주 등장하는 서술형 문제 유형

지피지기 백전불태

(知彼知己 百戰不殆)

'지피지기 백전불태'는 손자병법에서 유래된 말입니다. 상대방을 알고 나를 알면 백번을 싸우더라도 위태로워질 일이 없다는 뜻입니다. 혹시 이런 생각 해보았나요? '아이들이 수학 서술형 문제를 어려워하는 이유는 수학 서술형 문제에 대해 잘 모르기 때문이다.'

전투에서 승리하기 위해서는 적군의 장수를 파악해야 합니다. 월드컵 때 상대 나라에 어떤 선수가 포함되어 있는지부터 확인하는 것처럼 말이죠. 수학 서술형 문제를 잘 풀고 싶다면 서술형 문제에 대해 아는 것이 첫 번째로 꿰어야 하는 단추겠죠?

초등학교 수학에 자주 등장하는 서술형 문제 유형

초등학교 교과서에서 등장하는 서술형 문제를 잘 해결하기 위해 수학 교과서, 수학 문제집, 교육청에서 발간한 학습 자료 등을 분석하여 자주 등장하는 문제 유형을 다섯 가지로 구분해 봤습니다.

우리 아이의 수학 교과서가 주변에 있다면 아무 페이지나 펼쳐 서술형 문제가 어떻게 기술되었는지 살펴보세요. 아마 대부분의 문제 유형이 이 다섯 가지에 포함될 거예요. 이 유형들은 수년 전에 시·도 교육청에서 서술형 문항의 출제 비율을 높이자는 지침이 내려온 이래로 지속해서 등장하고 있습니다. 아마 수년 후에도 이 유형들은 계속해서 출제되지 않을까 조심스럽게 예측해봅니다. 왜냐하면 중등 수학에서 출제되는 서술형 문제의 유형도 이 범위를 벗어나지 않기 때문입니다.

문제 유형	문제 예시
1. 풀이 과정 서술형	• 스마트폰 배터리가 완전히 충전되기 위해서는 몇 분이 필요한지 풀이과정을 쓰고 답을 구해보세요. • 초콜릿 와플 한 개를 만드는 데 초콜릿 시럽이 얼마만큼 사용되었는지 풀이과정을 쓰고 답을 구해보세요.
2. 풀이 방법 설명형	• 서로 다른 두 가지 방법으로 계산한 것입니다. 각각 어떤 방법으로 계산한 것인지 설명해보세요. • (소수)×(소수)를 계산하는 방법을 설명해보세요. • 지원이와 민찬이가 계산한 방법을 비교하여 설명해보세요. • 문제를 해결한 과정을 친구에게 설명해보세요.
3. 다양한 방법 제시형	• ~를 두 가지 방법으로 구해보세요. • ~를 두 가지 방법으로 계산해보세요. • 자신의 풀이 방법을 친구들과 공유한 뒤, 나의 방법과 다른 방법을 찾아 정리해보세요.
4. 문제 만들기 유형	• 앞선 문제에서 가로와 세로의 길이를 바꾸어 새로운 문제를 만들어보세요. • 다음 그림을 보고, 문제를 만들고 해결해보세요. • 주어진 조건을 이용하여 새로운 문제를 만들고 풀이해보세요.
5. 오개념 /오류 수정형	• 다음 대화를 읽고 잘못 말한 친구를 찾으세요. 그리고 그렇게 생각하는 이유도 함께 써보세요. • 사람의 수와 과자의 수 사이의 대응관계에 대해 잘못 말한 친구를 찾아 바르게 고쳐보세요. • 잘못 계산된 식을 찾고, 이유를 설명해보세요. • 잘못 계산한 부분을 찾아 표시하고, 바르게 고쳐 계산해보세요.

물론 초등과 대비되게 중등 수학에서 자주 출제되는 서술형 문제형식이 있긴 합니다. 바로 단계형 문제입니다.

[중학 수학 단계형 문제]

두 수 a, b에 대하여 $(a+b)^2-10(a+b)+24=0$일 때, 다음 두 물음에 대한 답을 쓰시오. (15점)

(1) a+b의 값은? (5점)

(2) ab=32이고 a〉b라면, b의 값은? (10점)

이 유형은 대학수학능력시험에서도 빈번하게 출제되는 유형으로, 문제의 정답을 찾아가는 과정마다 작은 문제를 넣어 부분 점수를 줄 수 있다는 게 이 방법의 장점입니다. 또한 첫 번째 문제를 풀지 못하면 자연스럽게 두 번째 문제도 풀 수 없으므로 문제를 푸는 학생이 어느 정도까지 이해하고 있는지를 파악할 수 있다는 장점도 있습니다.

물론 이 유형은 초등 수학에서는 많이 등장하지 않습니다. 초등 수학에서는 풀이 과정에 부분 점수를 주는 경우가 많지, 최종 정답까지 도달하는 과정 중 소문제에 배점을 주는 경우는 흔치 않기 때문입니다. 그러나 초등 수학에서 서술형 문제의 비중이 높아진다면 이런 유형의 문제가 출제될 가능성도 얼마든지 있어 보입니다.

유형별 연습 포인트

여기까지 초등 수학에서 주로 출제되는 서술형 문제의 유형을 정리해봤습니다. 그렇다면 이 유형들을 암기하면 되는 걸까요? 그럴 필요는 없습니다. '맞아, 이런 유형들이 있었지?', '내가 자주 틀리는 유형인데', '정말 맞네. 단원마다 이런 유형의 문제들이 나오잖아?' 정도만 생각해도 충분합니다.

너무 마음 편한 소리 하는 것 아니냐고요? 그렇다면 한 가지 방법을 더 알려드리겠습니다. 서술형 문제 유형별로 연습해야 하는 포인트를 알고, 이 방식대로 꾸준히 연습하는 걸 추천합니다. 유형별로 문제를 풀 수 있는 근육을 단련해놓는다면 비슷한 유형의 문제가 나왔을 때 당황하지 않고 반응할 수 있을 테니까요.

이번 주제를 마무리하기 전에 쓸데없는 걱정을 하나 덧붙일까 합니다. 서술형 문제 유형을 파악하고 유형별로 연습하는 것에 앞서 반드시 명심해야 할 게 있습니다. 그건 바로 문제 풀이보다 중요한 것은 개념을 이해하는 것이라는 수학 학습의 진리입니다. 수학적 개념, 원리, 법칙에 대한 이해가 뒷받침되지 않는다면 결코 서술형 문제를 잘 풀 수 없습니다. 유형을 아무리 꿰고 있다 하더라도 말이죠.

앞서 설명한 다섯 가지 유형을 모두 꿰뚫는 공통점이 있습니다. 다섯 가지 유형은 모두 "왜 이렇게 풀어야 하는 거지?"라는 질문에 대답할 수 있는 학생들만 풀 수 있습니다. 풀이 과정을 서술하고, 방법을 설명하고, 여러 가지 방법을 제시하고, 문제의 조건을 변형하여 새로운 문제를 만들고, 오개념이나 오류를 수정하는 이 모든 과정은 "왜?"라는 질문을 꾸준히 해온 학생이라면 쉽게 넘을 수 있는 산입니다.

14년 동안 수학을 가르치며 깨닫게 된 것은 유형은 변할 수 있지만, 지식을 탐구하는 본질적인 과정은 변하지 않는다는 것입니다. 그러니 꼭 기억해주세요. 어떤 유형의 서술형 문제를 만나더라도 "왜?"라는 질문을 멈추지 말아야 한다는 것을.

문제 유형	연습 포인트
풀이 과정 서술형	문제를 읽은 다음 바로 풀이에 들어가는 게 아니라, 풀이 과정을 쓰는 칸에 알아보기 쉽도록 깔끔하게 풀이 과정을 적습니다. 그다음 실제 계산은 연습장에 합니다. 이 유형에서 중요한 건 정답을 구한다는 것도 있지만 풀이 과정을 논리 정연하게 적는 것입니다.
풀이 방법 설명형	글로 풀이 과정을 설명하기 전에 말로 설명해봅니다. 말로 설명해보면서 머릿속에서 1차 점검을 끝낸 뒤, 말을 글로 풀어내면 훨씬 잘 읽히는 설명을 쓸 수 있습니다. 말로 설명할 때는 나의 설명을 들어줄 누군가가 있는 게 좋습니다. 가족이나 친구에게 설명해보세요.
다양한 방법 제시형	평소 문제를 풀이할 때 한 가지 방법으로 답만 구하는 게 아니라 정답을 알더라도 다른 방법이 없을지 고민해보는 연습이 필요합니다. '문제 풀이-정답 확인-또 다른 방법 찾기' 순서로 한 문제를 두 번씩 풀어보는 것도 도움이 됩니다. 또, 나와 다른 풀이 방법으로 문제를 푸는 친구의 설명을 귀담아듣는 연습을 하는 것도 도움이 됩니다.
문제 만들기 유형	문제를 푸는 것만큼 문제를 만들어보는 활동은 수학적 사고력을 키우는 데 도움이 됩니다. 수학적 상황(수학 교과서에서 제시되는 수학 개념과 관련된 상황)이나 삶의 상황(학교나 가정에서 겪었던 일, TV나 뉴스를 통해 알게 된 내용, 책이나 놀이, 물건 등)에서 문제를 만들 만한 내용이 없는지 생각하며 주변 현상들을 관찰해보는 연습이 필요합니다.
오개념 /오류 수정형	일부러 문제를 틀리게 푼 다음, 가족이나 친구들에게 잘못 계산된 부분을 찾아보는 퀴즈를 출제합니다. 이때 다른 사람이 내가 일부러 틀린 부분을 어떻게 푸는지를 유심히 관찰합니다. 만약, 가족이나 친구가 바르게 계산하지 못할 때는 올바르게 풀이할 수 있도록 설명하며 도움을 줍니다. 또는, 잘못 풀이한 두 문제와 바르게 풀이한 한 문제를 섞어 세 문제의 풀이 과정을 가족들이나 친구들에게 보여줍니다. 그리고 세 문제 중에서 바르게 풀이된 문제를 찾게 합니다. 이 방법으로 오개념/오류 수정형 문제를 연습할 수 있습니다.

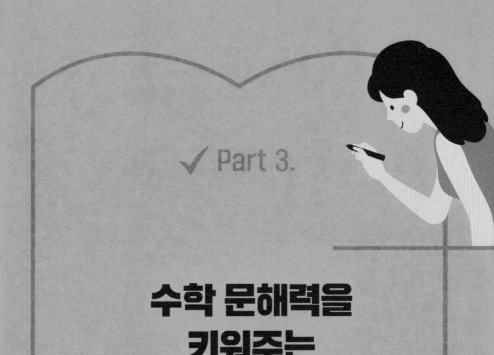

✓ Part 3.

수학 문해력을
키워주는
실천 학습법

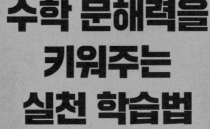

읽을 수 있어야
풀 수 있습니다

"선생님, 풀 수는 있는데 무슨 문제인지 설명은 못 하겠어요."

수학 시간, 아이들과 함께 소리 내어 문제를 읽어본 다음, 저는 이렇게 묻습니다.

"문제를 보지 않고 어떤 문제인지 설명해볼 사람 있나요?"

아주 쉬운 질문인데도 불구하고 이 질문에 자신 있게 답할 수 있는 학생은 스무 명이 넘는 학생 중 다섯을 넘지 않습니다. 문제를 이해했다면 설명할 수 있는 게 당연한데 아마 정확하게 이해하지 못했기 때문에 자신이 없는 거겠죠?

많은 학생이 수학 공부를 할 때 문제를 풀고 정답을 확인하는 과정을 반복합니다. 그리고 이게 수학을 공부하는 유일한 방법이라고 생각하죠. 하지만 수학 실력을 높이기 위해서는 문제 풀이에 집중하기 전에 문제를 읽고 그 속에 담긴 수학적 개념을 떠올리는 과정이 필요합니다. 독서로 치자면 글을 읽고 단어의 의미를 떠올려보거나 행간에 담긴 의미를 생각해보는 과정이죠. 글을 이해하는 과정을 생략하거나 글의 핵심을 제대로 파악하지 않은 채 많은 글을 읽는다고 해서 독해 실력이 길러지지 않는 것처럼 말입니다.

수학이란? 읽고 푸는 것

한 가지 질문을 해보겠습니다. 수학은 읽는 것일까요, 푸는 것일까요? 읽고 푸는 것이라고요? 현명한 답을 말해주셨네요. 맞습니다. 둘 다 할 수 있어야 합니다. 하지만 두 가지에도 순서가 있습니다. 읽는 게 먼저입니다. 읽을 수 있어야 풀 수 있습니다. 요즘 수학 문제들은 대부분 이야기처럼 제시됩니다. 그러므로 문장으로 된 이야기를 읽어내는 1단계 과정을 지나야 문제 풀이라는 2단계 과정에 도착할 수 있습니다.

수학 문제 풀이의 두 가지 과정

1. 수학 문제를 읽고 이해하기
2. 수학 문제를 풀이하기

그런데도 교실에는 문제 읽기가 안 되는 학생이 많습니다. 문제에서 제시하고 있는 상황 자체를 이해하지 못하는 학생이 의외로 많습니다. 이런 학생들은 옆에 앉혀 두고 문제를 읽으면서 어떤 내용인지 차근차근 말로 설명해주면 그제야 이해합니다. 그러면 "아, 이 말이었구나"라며 겸연쩍은 미소를 보이죠. 이런 학생들은 숫자로만 제시되는 연산 문제는 잘 해결해냅니다. 수학 문제 풀이의 과정 중 첫 번째 단계인 '수학 문제를 읽고 이해하는 것'은 안 되지만, 두 번째 단계인 '수학 문제를 풀이하기'는 해낼 수 있기 때문이죠. 두 가지 중 하나만 해서는 안 됩니다. 두 가지 모두 해내야 맞는 답을 구할 수 있습니다.

그래서 우리 아이가 서술형 수학 문제를 자꾸 틀린다면 두 가지 중 어떤 단계가 안 돼서 문제를 풀지 못하는지 확인해봐야 합니다. 원인을 알아야 알맞은 해결책을 찾을 수 있으니까요.

문제는 읽었지만 답은 틀리는 두 가지 유형

수학 문제 이해도가 부족한 몇 명을 대상으로 간단한 테스트를 해봤습니다. 국어 교과서 한 문단을 읽게 한 다음 무슨 뜻인지를 물었습니다. 학생들이 제대로 이야기할 수 있었을까요? 저는 모두 이야기할 수 없을 거라고 예상했습니다. 그런데 결과는 의외였죠. 반은 이야기할 수 있었고, 반은 이야기할 수 없었습니다.

수학도 이해하지 못하고 국어도 이해하지 못하는 것은 어쩌면 당연하므로 문제될 게 없었습니다. 저의 관심을 끈 건 수학은 이해하지 못하면서 국어 교과서 내용은 이해하고 설명할 수 있는 아이들이었습니다. 왜 이런 현상이 생기는지 궁금했습니다. 이 학생들은 텍스트 해석이 안 되는 게 아니었으니까요. 그래서 아이들이 수학 문제 푸는 과정을 유심히 지켜봤죠. 그러다 두 가지 사실을 알게 되었습니다.

첫째, 이미 풀어본 유형의 문제라고 생각하고 곧장 풀이에 들어간다.

이 경우는 사교육을 통해 선행 학습을 많이 한 학생들에게서 나타났습니다. 문제마다 주어지는 것과 구하는 것이 조금씩 다른데 이 유형의 학생들은 예전에 풀어본 문제를 떠올리며 바로 풀이에 들어갔습니다. "다 안 읽어봐도 알아"라는 생각 때문인지 문제를 읽는 속도, 풀이하는 속도가 매우 빨랐습니다. 물론 정답은 맞히지 못했지만 말이죠.

둘째, 문제를 대충 읽고 아직 이해하지 못했는데 숫자들을 조합해서 식을 세운다.

이 경우는 문제 읽기가 귀찮아서인지 문제를 얼렁뚱땅 읽고 넘어가려는 모습을 보였습니다. 요점 파악이 안 된 상태에서 눈에 보이는 숫자들만 대강 추려서 식을 세우다 보니 계산하더라도 답이 구해질 리 없었죠. 이런 학생들에게는 다시 풀어볼 기회를 줘도 결과가 비슷했습니다. 두 번째 읽을 때도 대강대강 읽고 문제를 풀더라고요. 이 아이들을 보고 수학 문제를 제대로 이해하기 위해서는 실력이 아니라 습관이 우선되어야 한다는 생각을 하게 되었습니다.

문제 제대로 읽는 법 - 소리 내어 문제 읽기

문제를 제대로 읽는 것, 다시 말해 주어진 조건을 확인하고 구하는 것을 찾는 것은 수학 문제 풀이의 기본입니다. 서술형이든, 단답형이든, 객관식이든 모두 적용되는 내용이기 때문에 반드시 체득해야 하는 능력으로 볼 수 있습니다.

그렇다면 문제 읽기가 제대로 되지 않는 학생들을 어떻게 구제할 수 있을까요? 이미 풀어본 유형이라고 자만하며 곧장 풀이에 들어가는 학생들을 바꿀 방법이 있을까요? 문제 읽기를 귀찮아하며 대충 읽고 넘어가는 학생들을 구하는 방법은 정녕 없는 걸까요? 있습니다. 이런 학생들을 위해 제가 안내하는 읽기 방법이 있습니다.

바로 '소리 내어 문제 읽기'입니다. 이 방법은 책을 보듯이 눈으로 문제를 읽는 게 아니라 입으로 소리 내어 읽어보는 방법입니다. 물론 무작정 소리 내어 읽는다고 이해가 잘 되는 건 아닙니다. 의미 단위로 끊어 읽으면서 내용을 파악해야 합니다. 예를 한번 들어보겠습니다.

의미 단위로 소리 내어 끊어 읽기의 예

음식 모형을 만들기 위해 색점토 1.35kg을 세 모둠에게 똑같이 나눠주려고 합니다. 하나의 모둠에서 가져가게 될 색점토는 몇 kg인지 알아봅시다.

6학년 〉 1학기 〉 수학 〉 소수의 나눗셈

[소리 내어 끊어 읽기]
음식 모형을 만들기 위해 / 색점토 1.35kg을 / 세 모둠에게 똑같이 나눠 주려고 합니다. / 하나의 모둠에서 / 가져가게 될 색점토는 몇 kg인지 / 알아봅시다.

자전거 공장에서 250개의 자전거를 만들면 불량품이 20개 나온다고 합니다. 전체 자전거 수에 대한 불량품 자전거 수의 비율을 백분율로 나타내봅시다.

6학년 〉 1학기 〉 수학 〉 비와 비율

[소리 내어 끊어 읽기]
자전거 공장에서 250개의 자전거를 만들면 / 불량품이 20개 나온다고 합니다. / 전체 자전거 수에 대한 / 불량품 자전거 수의 비율을 / 백분율로 나타내봅시다.

가은이는 아버지와 함께 피자를 만들었습니다. 완성된 피자의 지름이 30cm라면 피자의 넓이는 몇 cm²인지 설명해봅시다.

6학년 〉 2학기 〉 수학 〉 원의 넓이

[소리 내어 끊어 읽기]
가은이는 아버지와 함께 피자를 만들었습니다. / 완성된 피자의 지름이 30cm라면 / 피자의 넓이는 몇 cm²인지 설명해봅시다.

초등학교 1~2학년 학생들과 국어 수업을 할 때 교과서 지문 해석이 안 되면 이렇게 의미 단위로 끊어 읽는 활동을 합니다. 보통 독해 능력이 부족한 학생들은 긴 문장 전체를 한 덩어리로 받아들이는 걸 어려워합니다. 이럴 때는 작은 단위로 나눠서 이해해야 합니다. 마치 긴 가래떡을 한입에 먹지 못할 때 작은 덩어리로 나눠 먹는 것과 비슷한 원리죠.

사실 이 원리는 인지심리학에서 사용되는 용어인 청킹(Chunking)이라는 인지과정을 활용한 교수 방법입니다. 청킹이란 의미 있는 정보들을 연결하여 기억하거나 묶음으로 나눠 기억하는 방법입니다. 이 방법을 활용하면 단기적으로 기억할 수 있는 기억의 양이 늘어난다고 알려져 있습니다. 그래서 국어 교육, 외국어 교육에서도 많이 사용되는 방법입니다.

수학 문제를 읽을 때도 효과가 있습니다. 문장을 눈으로 훑으며 읽을 때와 달리 소리 내어 끊어 읽으면 신기하게도 이해되지 않던 내용이 머릿속에 들어옵니다. 못 믿겠다면 직접 소리 내어 끊어 읽어보세요. 놀라운 효과를 경험하게 될 겁니다.

절대로 하면 안 되는
세 가지 서술형 풀이 방법

"2028학년도 대학수학능력시험

서술형 문항 도입 검토"

2021년 4월 20일 교육부에서 발표한 '2022 개정 교육과정 추진계획'에 따르면 2028년 수능시험부터, 그러니까 지금 초등학교에 다니는 학생들이 고3이 되었을 때 치르게 될 대학수학능력시험에는 서술형 문항이 도입된다고 합니다. 현재 수능의 문제형식인 오지선다형의 객관식 문항이나 수학의 단답형 문항만으로는 학생들이 가지고 있는 역량을 측정하기 어렵기 때문이라고 하는데요. 세계적인 추세로 보았을 때 객관식·단답형에서 서술형·논술형으로 넘어가는 평가 패러다임의 변화는 거스를 수 없지 않을까 싶습니다.

매스컴에서 입시가 바뀐다는 이야기가 나올 때마다 학부모들은 불안해집니다. 서술형 문제는 우리 아이가 가진 치명적인 약점이기 때문이죠. 특히 서술형 수학에 약한 학생이 정말 많습니다.

초등 교육을 위한 자녀 교육 카페에 빈번하게 올라오는 고민 글입니다.

> "우리 아이는 다른 건 다 맞는데 서술형 문제만 나오면 늘 틀려요."
>
> "수식으로 알려주면 바로 푸는데 서술형 문제를 읽으면 식을 못 세우네요."
>
> "문제집에서 기본 문제는 거의 다 맞는데 서술형 문제는 틀리는 경우가 많네요."
>
> "우리 아이는 서술형 문제 푸는 걸 귀찮아해요."

이런 글에는 보통 다음과 같은 댓글이 달립니다.

> ↳ 서술형 문제를 풀려면 독해력이 필요해요. 책 많이 읽게

해보세요.

⤷ 서술형 문제만 모아 만든 문제집이 있어요. 그 책 두 권 정도 풀어보게 해보세요.

⤷ 서술형 문제가 어색해서 그래요. 더 많이 풀게 해주세요.

이런 댓글을 보면 부모의 마음은 더 불안해집니다. 우리 아이는 이미 책도 많이 읽고 있고, 문제집도 충분히 풀고 있으니까요. 해야 할 것은 다 하는 것 같은데 서술형 문제 풀이 실력만은 제자리인 이 상황을 어떻게 해결할 수 있을까요?

서술형은 책 많이 읽으면 된다고요? 독서는 만병통치약이 아닙니다. 서술형 수학 문제를 잘 해결하기 위해서는 단순히 책을 많이 읽는다거나 문제 풀이를 많이 해보는 것만으로는 부족합니다. 어떤 이유로 서술형 문제를 틀리게 되는지를 분석해봐야 합니다. 그 속에 해법이 존재하니까요.

서술형 문제, 이렇게 풀면 무조건 틀린다

초등학교 6학년 학생들을 대상으로 '이렇게 하면 서술형 문제

무조건 틀린다!'라는 설문 조사를 해봤습니다. 그 학생들이 이야기해준 서술형 문제를 풀 때 절대로 하면 안 되는 것들은 다음과 같습니다.

첫째, 문제를 대충 읽자!

의외로 많은 학생이 생각하면서 문제를 읽지 않습니다. 실제로 수업 시간에 문제를 읽어보게 한 뒤 3분 후에 어떤 내용인지를 물어보면 절반 이상의 학생이 대답하지 못합니다. 만약 이 결과가 의심된다면 이 책을 읽고 있는 여러분도 한번 시험해보세요. 눈으로만 읽고 머리로는 읽지 않는 학생이 제법 많습니다. 대충 읽고 있다는 것이죠. 대충 읽었는데 올바른 식을 세울 수 있을까요? 문제 파악이 제대로 되지 않는데 서술형 문제를 잘 풀 수 있다는 것은 어불성설입니다.

둘째, 풀이 과정을 비어 있는 공간에 여기저기 기록하자!

서술형 문제를 자주 틀리는 학생들은 대부분 풀이 과정을 기록하는 것에 관심이 없습니다. 인과관계 따위는 찾아보기 어렵게 여기에 적었다, 저기에 적었다, 빈 곳에 두서없이 기록합니다. 이게 풀이 과정인지 낙서인지 구분하기 어렵게 말이죠.

그러다 보니 실수로 부호를 빠뜨리거나 기호를 잘못 쓰는 경우가 많습니다. 이렇게 하면 틀리기 딱 좋습니다. 그리고 무엇 때문에 틀렸는지 찾아보는 것도 불가능합니다. 어떤 내용이 어디에 있는지를 모르기 때문에 틀린 이유를 찾기도 어렵죠. 서술형 문제를 틀리는 학생의 상당수가 이 이유 때문에 틀립니다.

셋째, 외우고 있는 공식대로만 풀자!

사교육을 통해 선행 학습을 한 학생들은 공식을 줄줄 외웁니다. 스파르타식으로 암기했기 때문입니다. 이런 학생들은 "직육면체의 겉넓이 구하는 공식은?"이라는 질문이 끝나기 무섭게 "(윗면의 넓이＋옆면의 넓이＋밑면의 넓이)×2"라고 읊어대죠. 정육면체의 겉넓이 구하는 공식을 (한 면의 넓이)×6으로, 원주 구하는 공식을 (지름)×3.14로, 원의 넓이 구하는 공식을 (반지름)×(반지름)×3.14로 기가 막히게 기억하고 있습니다. 이 학생들은 누가 더 공식을 빨리 외울 수 있느냐로 게임을 합니다. 공식을 전광석화처럼 외우는 학생을 수학 잘하는 친구로 인정해 주기도 하고요.

암기라는 학습법이 잘못됐다는 게 아닙니다. 당연히 암기해야 할 것은 암기해야죠. 하지만 암기를 중요하게 여기다 보면 원리가 무시되기도 합니다. 공식은 줄줄 외지만 왜 이런 공식이 나오게 되었는지는 관심 없어지는 것이죠.

공식을 암기하고 있는 것만으로는 서술형 문제를 풀 수 없습니다. 서술형 문제는 보통 한 번 꼬아서 출제되기 때문입니다. 서술형 문제 풀이에서는 오히려 암기하고 있는 알고리즘이 독이 되기도 합니다. 문제에 대한 이해 없이 공식에 숫자만 대입하게 되면 출제자가 만든 함정에 빠지게 될 뿐입니다. 아이러니하게도 서술형 문제에 약한 학생일수록 공식은 잘 외웁니다.

지금까지 절대로 하면 안 되는 서술형 문제 풀이 방법에 대해 살펴봤습니다. 서술형 문제에 약한 원인이라고 말할 수 있겠네요. 자, 그럼 하면 안 되는 것들을 알아봤으니 이제 해야 하는 것들에 대해 이야기할 차례가 된 것 같네요.

'서로 가르치기'의
놀라운 학습 효과

시간만큼 공평한 건 없습니다. 누구에게나 하루 24시간이라는 시간이 주어지니까요. 그런데 똑같은 시간이 주어지더라도 누군가는 24시간 동안 100이라는 일을 해내고, 다른 누군가는 30을 하는 것도 벅차합니다.

그렇다면 100을 해내는 사람들은 24시간을 어떻게 사용하는 걸까요? 그들은 같은 시간을 투자해도 더 좋은 결과를 만들어낼 수 있는 효율적인 방법을 알고 있는 게 아닐까요? 그렇다면 일뿐만 아니라 학습에서도 더 효율적으로 공부하는 방법이라는 게 존재하지 않을까요? 지금부터 설명할 내용은 "어떻게 공부하는 게 학습 효율이 높은 방법일까?"라는 고민을 한 번이라도 해봤다면 충분히 흥미로워할 만한 주제입니다.

학습 피라미드 속에 숨겨진 비밀

미국 MIT 대학의 사회심리학자 커트 르윈(Kurt Lewin)은 1947 년 비영리 행동 심리학 센터를 설립했습니다. 국립행동과학연 구소(NTL, National Training Laboratories)로 불리는 이곳에서는 어떤 방법으로 가르치고 배우느냐에 따라 지식을 기억하는 정도가 달라진다는 연구 결과를 발표했습니다.

그들이 계획한 학습 방법은 일곱 가지였습니다. 강의 듣기, 읽기, 시청각 수업, 시범 강의, 집단 토의, 실제로 해보기, 서로 가르치기의 방법으로 공부한 뒤 24시간 후에 어떤 방법이 학습 내용을 떠올리는 데 효과적인지를 분석했습니다. 그 내용을 일 목요연하게 정리한 게 학습 피라미드(The learning pyramid)라고 불리는 모형입니다.

학습 피라미드는 2014년 EBS 다큐프라임 〈왜 우리는 대학 에 가는가?〉에서 소개된 이래 교육계에서 무수히 많이 인용되 었습니다. 몇 년 전, 전국을 휩쓸었던 하브루타 전도사 전성수

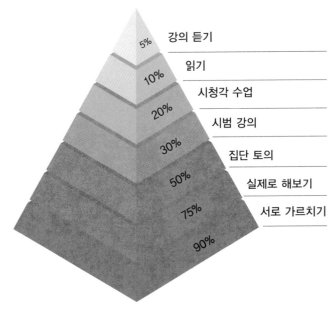

5% 강의 듣기

10% 읽기

20% 시청각 수업

30% 시범 강의

50% 집단 토의

75% 실제로 해보기

90% 서로 가르치기

국립행동과학연구소(NTL)의 학습 피라미드

작가의 책에서 인용되면서 그야말로 교육계의 레전드(Legend)
자료가 되었죠.

학습 피라미드를 보면 강의 듣기부터 서로 가르치기까지 학
습 방법에 따른 평균 기억률(Retention rates)이 이해하기 쉽게 표
시되어 있습니다. 도표에 의하자면 강의를 듣는 것보다 읽기가,
읽기보다 시청각 수업이, ……실제로 해보기보다 서로 가르치기
가 평균 기억률이 높다고 합니다.

물론 학습 방법별로 5%, 10%, 75%, 90%로 깔끔하게 맞아떨

어지는 수치는 뭔가 의심스럽긴 합니다. 또한 NTL의 학습 피라미드 모형이 설득력이 부족하다, 학생들이 가진 배경지식에 따라 효과적인 학습 방법을 선택해야 한다, 때에 따라 강의법이 가장 효과적일 때도 있다, NTL이라는 기관을 신뢰하기 어렵다는 교육학자들의 비판에도 공감하는 부분이 있고요.

그렇지만 서로 가르치기(Teach others)라는 학습 방법이 학생들의 학습 참여도를 높여주고 학습한 내용을 오랫동안 기억하는 데 도움을 준다는 주장에는 동의합니다. 왜냐하면 실제로 학생들과 수학 수업에서 서로 가르치기 활동을 해보니 정말로 배운 내용을 다시 기억해내는 데 도움이 되었기 때문입니다.

문제 풀기보다 어려운 친구 가르치기

초등 교사들이 자주 듣는 말에 순위를 매겼을 때 "선생님, 다 했는데 뭐 해요?"라는 말이 최소 3위권 안에 들어간다고 감히 확신합니다. 수학 시간에는 원본에서 살짝 변형이 일어납니다. 이렇게 말하죠. "선생님, 수학책 다 풀었는데 뭐 해요?", "선생님, 수학익힘 25쪽까지죠? 다 하면 뭐 해요?"

저 같은 경우에는 "뭐 해요?"라는 말을 너무 많이 들어서 '뭐 해요 노이로제'에 걸렸습니다. 오죽하면 꿈속에서 우리 반 아이 열 명이 나타나 동시에 "뭐 해요?"라고 물어본 적도 있습니다.

사실 교육 경력이 얼마 되지 않았을 때는 아이들이 저에게 와서 "뭐 해요?"라고 물을 때마다 막막했습니다. 오늘 해야 할 과제를 다 했다고 해서 그냥 쉬라고 하기는 그렇고, 수학과 무관한 독서를 시키기도 그렇고. 그렇게 고민만 하던 어느 날, 문득 교육 관련 칼럼을 읽다 학습 피라미드라는 개념을 알게 되었습니다. 서로 가르치며 공부하는 게 정말 기억의 회상 비율이 가장 높은 방법인지를 확인해보고 싶어졌죠. 그래서 다음 날부터 "선생님, 수학책 다 풀었는데 뭐 해요?"라는 아이들의 질문에 저는 이렇게 대답했습니다.

"해야 할 걸 마친 친구들은 다른 친구들을 가르쳐주세요!"

당연히 자신이 해결해야 하는 문제를 빨리 풀어낸 학생들이니 다른 친구들도 잘 가르칠 거라고 생각했습니다. 그런데 그건 저의 잘못된 추측이었죠. 많은 아이가 문제를 잘 풀었는데도 친구에게 가르쳐주는 데는 어려움을 느꼈습니다. 답은 알겠는데 어떻게 설명해야 할지 모르겠다고 말했습니다.

다른 사람들을 가르치기 위해서는 먼저 내가 그 내용을 확실히 이해하고 있어야 합니다. 내가 가진 개념이 흔들린다면, 확실히 알지 못하고 대충 답을 구하는 공식만 대입해 풀었다면, 제대로 가르칠 수 없습니다.

우리 반 아이들이 딱 그랬습니다. 문제를 풀 수 있는 수준까지만 이해했을 뿐 설명하기에는 수학적 개념에 대한 이해가 부족했죠. 그동안 제가 수학을 잘한다고 생각했던 학생들, 스스로 수학에 자신이 있다고 말했던 학생들도 마찬가지였습니다. "왜 이렇게 되는 거야?"라고 묻는 친구의 대답에 입을 닫거나 "원래 이렇게 하는 건데?"라고 대답할 뿐이었습니다. 원래 이렇게 한다고 하니까 수학이 어려운 학생들은 더욱 이해할 수 없었고요. 이렇게 이해하지 못하는 친구의 마음을 가르쳐주는 학생도 이해할 수 없었죠. 서로서로 이해할 수 없는 상황이 만들어졌습니다.

누군가를 가르쳐주는 게 나에게 득이 된다

수학 수업에 서로 가르치기를 도입한 초창기에는 교실이 소란스러웠습니다. 설명하는 학생들은 자신이 아는 걸 설명하는 방법을 잘 모르기도 했고, 설명할 만큼 수학적 개념을 확실하게 이해하고 있지 않다 보니 답답해하는 경우가 많았습니다. 그래서 자기도 모르게 언성이 높아지는 경우가 생겼죠. 그런데 친구들을 가르쳐주는 학습 방법이 학급의 문화가 되자 몇 가지 변화가 생겨나기 시작했습니다.

첫 번째 변화는 잘 가르치기 위해 수학 교과서 속 개념들을 꼼꼼하게 보기 시작했다는 것입니다. 문제를 푸는 데만 집중했던 아이들이 '왜 이렇게 되는지'를 고민했습니다. 지식의 인과관계를 따져보기 시작한 것이죠. 어쩌면 당연한 현상이었습니다. 가르침을 받는 친구들이 언제나 물어보는 것은 "왜 이렇게 되는 거야?"였으니까요. 자연스럽게 답뿐만 아니라 과정에 집중하며 수학 문제를 대하기 시작했습니다.

두 번째 변화는 어떻게 하면 쉽게 설명할 수 있을지를 고민하게 된 것입니다. 서로 가르쳐주는 문화가 학급에서 생겨나다 보니 아이들 사이에서 "건우는 설명을 잘해", "아진이는 문제는 잘 푸는데 설명을 어렵게 해서 이해하기 어려워"라는 일종의 강의 평가가 생겨나기 시작했습니다. 아진이와 같은 학생들은 답답해했죠. 분명히 건우보다 자기가 더 많이 아는 것 같은데 친구들은 자기 설명이 어렵다고 하니까요.

저는 아진이에게 앨버트 아인슈타인이 남긴 명언을 소개해줬습니다. "간단하게 설명하지 못한다는 것은 완벽하게 이해하지 못했다는 뜻이다." 어려운 문제를 잘 풀어낸다는 게 많이 아는 것과 같은 의미는 아닙니다. 문제를 풀어내는 것과 상대방이 이해하기 쉽게 설명해주는 건 조금 다른 능력이 필요한 부분이기도 하고요.

다음 날부터 아진이는 간단하게 설명하는 방법을 찾기 위해 노력했습니다. A라는 내용을 이해하지 못하면 더 쉬운 개념을 가져와 예를 들어 설명했죠. 그 예시를 이해하지 못하면 또 다른 예를 들어 같은 과정을 반복했고요. 그 이후로 '천재처럼 생각하고 바보처럼 말하라'라는 명언처럼 우리 반 교실에는 수학의 기본기가 부족한 학생들의 눈높이에 맞춰 쉬운 단어와 개념으로 설명하려는 문화가 퍼졌습니다.

수학 문제를 풀이하는 것을 넘어 누군가에게 설명해주고 가르쳐주는 활동을 통해 얻을 수 있는 학습 효과는 다음과 같습니다.

가르쳐준다고 생각하는 것만으로도 학습에 도움이 된다고?

서로 가르치기의 학습 효과, 다들 이해하셨죠? 그런데 실제로
가르치지 않고 가르쳐줘야 한다는 이야기만 들었는데도 학습
내용을 잘 기억하게 되고 시험도 더 잘 보게 되었다는 연구 결
과가 있습니다. 정말 놀라운 사실 아닌가요? 가르쳐줘야 한다는
의식만으로도 학습 효과가 높아진다니.

지금부터 이 연구와 관련된 개념인 프로테제 효과(Protege
effect)에 관해 잠깐 소개해보겠습니다. 2014년 인지과학 저널
Memory & cognition라는 학술지에서 발표된 〈Expecting to
teach enhances learning and organization of knowledge in
free recall of text passages〉라는 논문에는 다음과 같은 연구

결과가 있습니다.

"다른 친구에게 가르쳐줘야 한다는 말을 듣게 되면
학습 내용을 더 잘 외우고 시험도 잘 보게 된다."[15]

학자들은 이런 현상을 프로테제 효과라고 부릅니다. 쉽게 말해 가르칠 준비를 한 상태에서 수업을 들으면 수업 내용을 훨씬 잘 기억할 수 있다는 것입니다.

예를 한번 들어볼까요? 제가 이 책의 독자들을 대상으로 프로테제 효과라는 개념을 설명한다고 가정해보겠습니다.[16]

독자 분들을 A와 B 두 집단으로 나눈 다음, A 집단에게는 프로테제 효과를 설명하기 전에 이렇게 말할 거예요. "지금부터 설명하는 내용은 아주 중요한 내용이니 꼭 기억해주세요"라고요. B 집단에게는 "지금부터 제가 설명하는 내용을 잘 들으신 다음, 10분 뒤에 옆에 계신 분께 어떤 내용이었는지 설명하고 가르치는 시간을 갖겠습니다"라고요.

A와 B 중 어떤 집단의 독자 분들이 더 몰입해서 설명을 들을까요? 머릿속에 이미지를 그려보면 답이 딱 나옵니다. 다음에 내가 설명해야 한다고 생각하면 더 긴장하고 집중해서 들을 수

밖에 없죠. 프로테제 효과는 어찌 보면 당연하다고 할 수 있습니다. 문제는 이 당연한 걸 수학 학습에 적용하거나 사용하고 있지 않다는 것이죠. 가르칠 준비를 하는 것만으로도 학습 효과가 있지만, 실제로 가르쳐본다면 학습 효과는 더 높아질 거예요.

프로테제 효과를 수학 학습에 적용하는 방법!

하나. 일주일에 한 번씩 가정에서 이번 주에 학습한 수학 개념을 가족들에게 설명하는 문화를 만들어보세요. 시간이 허락한다면 일주일에 두세 번으로 늘려도 좋습니다.

둘. 아이가 수학익힘이나 수학 문제지를 풀기 전, 이렇게 말해주세요. "문제를 다 푼 다음에 엄마(아빠)에게 가장 어려웠던 문제 딱 하나만 골라서 설명해줄래?"

셋. 교실이라면 수업 시작 전에 "선생님의 설명이 끝난 뒤에 우리 반 친구 중 두 명을 골라서 오늘 배운 내용을 설명해보는 시간을 갖겠습니다. 어떤 친구가 선택될지는 설명이 다 끝난 뒤에 이야기해줄게요"라고 말해보세요.

서로 가르치기 할 상대가 없다면?

학습 피라미드와 프로테제 효과를 통해 서로 가르치기의 중요성을 알게 되었지만, 맞벌이 상황에서 아이들이 설명하는 수학 개념을 꾸준하게 들어준다는 게 쉬운 일이 아닙니다. 워킹맘,

워킹대디들이 해야 할 일이 한둘이 아니니까요.

서로 가르치기를 정석으로 하면 좋겠지만 너무 바빠서 그럴 수 없을 때는 어떻게 해야 할까요? 가상의 제자(Protege)를 만드는 것입니다. 그때 사용하기 좋은 방법이 '설명하는 영상 찍기'와 '인형에게 설명하기'입니다. '설명하는 영상 찍기'에서는 영상을 보는 가상의 시청자가 제자 역할을 해주는 것이고, '인형에게 설명하기'에서는 인형이 제자 역할을 해주는 것입니다.

혼자 가르치기 아이디어 1. 설명하는 영상 찍기

활동 방법
① 선생님의 설명, 온라인 강의를 이용해 학습하기
② 스마트폰/스마트 패드를 셀프 카메라 모드로 전환하기
③ 핵심 내용을 설명하는 영상 찍기
④ 완성된 동영상 파일을 전송하기

혼자 가르치기 아이디어 2. 인형에게 설명하기

활동 방법
① 집에 있는 인형 중 설명을 잘 들어줄 '설명 인형' 고르기
② 설명 인형에게 핵심 내용을 설명하기

가상의 제자를 만들거나, 인형에게 제자 역할 맡기기. 이 두 가지 방법은 서로 가르치기의 효과를 누리면서 시간과 에너지를 줄일 수 있는 일종의 꼼수 아닌 꼼수라고 해야 할까요? 물론 실제 제자가 있는 게 가장 좋겠지만 도저히 여유가 없을 때는 이 방법도 충분히 효과적입니다.

두 가지 아이디어를 결합해서 인형에게 설명하는 영상을 찍는 것도 한 가지 대안이 될 수 있겠죠? 이 모든 게 서로 가르치기를 어떻게 실제 학습할 때 구현할 수 있을지를 고민하다 떠올리게 된 저의 주옥같은 비법들입니다. 그러니 머리로만 이해하지 말고 꼭 아이들에게 적용해보길 바랍니다.

로마의 철학자이자 정치가였던 루키우스 세네카(Sénèque)는 "가르치며 배운다(While we teach, we learn)"라는 말을 남겼습니다. 호혜적인 교수·학습법 중 하나인 서로 가르치기는 고대의 현인들, 현대의 교육학자들, 현장 교사들에게도 인정받은 학습 효율성을 높여주는 효과적인 방법입니다.

내가 출제자다!
문제 만들기

　　초등학교 수학 교과서나 수학 문제집의 문제 유형을 살펴보면 식으로 나타낸 다음 답을 구하라는 형식의 문제가 자주 등장합니다. 예를 들자면 이런 식이죠.

식 만들기 문제의 예

밤이 들어 있는 바구니의 무게는 1.12kg입니다. 빈 바구니의 무게가 0.38kg 이라고 하면 바구니 속 밤의 무게는 몇 kg인지 식으로 나타내고 답을 구하세요.

4학년 〉 2학기 〉 수학 〉 소수의 덧셈과 뺄셈

다음은 와플 가게에 있는 와플의 가격을 나타낸 표입니다. 지원이는 메이플 와플을 먹고, 유나는 플레인 와플과 초코 와플을 먹었습니다. 유나는 지원이 보다 얼마를 더 내야 할까요? 유나가 지원이보다 더 내야 하는 돈을 하나의 식으로 나타내고 답을 구하세요.

메뉴	플레인 와플	메이플 와플	초코 와플	딸기 와플
가격(원)	2,500	3,500	4,500	5,000

5학년 〉 1학기 〉 수학 〉 자연수의 혼합 계산

한 변의 길이가 $1\frac{1}{2}$㎝인 정삼각형과 한 변의 길이가 $\frac{3}{4}$㎝인 정사각형, 두 도형 이 있습니다. 이 두 도형의 둘레의 차는 얼마인지 식으로 나타내고 답을 구하 세요.

5학년 〉 2학기 〉 수학 〉 분수의 곱셈

대근이는 털실 $\frac{4}{5}$m를 모두 사용하여 모양과 크기가 같은 2개의 정사각형을 만들었습니다. 이 정사각형 한 변의 길이는 몇 m일까요? 풀이 과정을 쓰고 답 을 구하세요.

6학년 〉 1학기 〉 수학 〉 분수의 나눗셈

위의 문제는 전형적인 '식 만들기'형 문제입니다. '식 만들기' 에는 정답이 정해져 있습니다. 정답이 정해져 있다는 것은 맞고 틀리고를 따질 수 있다는 것이겠죠? 그러므로 교과서나 문제집 에서는 이런 '식 만들기' 유형을 자주 사용합니다. 정답과 오답이 확실하게 존재하고, 정답과 함께 풀이 과정까지 살펴볼 수 있다는 게 이 유형이 가지는 장점이니까요.

하지만 문제를 풀이하는 학생의 처지에서 생각해볼까요? 답을 구하기 위해서는 어차피 풀이 과정을 밟아야 합니다. 그러므로 답만 구하는 문제나 풀이 과정까지 쓰는 문제나 문제를 풀이하는 처지에서는 크게 다르지 않습니다. 출제자가 정해놓은 고정된 정답이 존재하는 문제를 수동적으로 풀이하는 역할을 해야 한다는 것은 똑같기 때문이죠.

능동적으로 배워가는 '문제 만들기'

수동적인 '문제 풀이자' 역할을 해야 하는 '식 만들기'와 달리, '문제 만들기'에서는 하나의 고정된 정답이란 존재하지 않습니다. 문제 만들기에는 '맞고 틀리고'라는 개념이 없을 뿐만 아니라

> **문제 만들기**
>
> 이미 존재하는 문제의 조건을 바꿔 새로운 문제를 만들거나 완전히 새로운 문제를 떠올려 만드는 것

문제를 만드는 방법도 너무나도 다양하기 때문이죠.

물론 기존 수학 교과서나 문제집에서 '문제 만들기' 유형이 등장하지 않았던 것은 아닙니다. 그 빈도가 높지 않았을 뿐이죠. 이미 존재하는 문제의 조건을 바꿔 새로운 문제를 만드는 '문제 만들기' 유형은 다음과 같습니다.

아래와 같이 식에 알맞은 문제를 만들어보세요.

$$24 \div 6$$

[문제]
담임 선생님께서 추석을 기념해서 24개의 송편을 우리 반 친구들에게 나누어주셨습니다. 우리 반은 6개의 모둠으로 이루어졌는데, 송편을 똑같이 나누어 가지려면 한 모둠 당 몇 개씩 나눠 가져가야 할까요?

[내가 만든 문제]

완전 백지에서부터 새로운 문제를 만들어내는 게 아니라 예시 문제를 보여준 뒤 변형하는 형식이다 보니 학생들의 처지에

서 생각해볼 때 그다지 부담스럽지 않습니다. 예시 문제를 조금 비틀어 어렵지 않게 문제를 만들어낼 수 있죠. 이런 형식으로 몇 번 해보면 예시 문제를 주지 않더라도 스스로 독창적인 문제를 만들어낼 수 있습니다. 더 중요한 것은 학생들이 이런 유형을 매우 흥미로워한다는 사실입니다.

수학적 사고력을 키워주는 '문제 만들기'

'문제 만들기'는 학생들의 사고력을 키워주는 수학 학습법이라 말할 수 있습니다. '문제 해결'을 수학교육의 이슈로 부각시킨 세계적인 수학자 조지 폴리아(George polya)도 2009년 발간된 그의 저서 《How to solve it》[17]에서 비슷한 주장을 합니다. '문제 만들기'가 문제를 새로운 눈으로 바라보게 해줄 뿐만 아니라 문제 속에 담겨 있는 의미를 깊게 이해하게 만들어준다는 게 그의 생각이죠. '문제 만들기'라는 학습 방법의 장점은 다음과 같습니다.

1. '문제 만들기'는 수학 내용의 이해를 도와준다.

저의 경험을 떠올려보았을 때, 수업 시간에 아이들이 문제 만드는 과정을 지켜보고 있으면 이 학생이 '어느 정도 이해하고 있구나'를 알 수 있었습니다. 아마 학생도 스스로 느낄 수 있을 거예요, 자신이 얼마나 이해하고 있는지를. 내가 확실하게 알고 있다면 과감하게 문제를 변형할 수 있습니다. 그렇지 않다면 아무래도 주저하게 되겠죠? 학생들은 문제를 만들면서 자신이 아는 것과 모르는 것을 구분해보게 됩니다. 수학적 개념에 대한 이해가 깊어지는 것이죠.

2. '문제 만들기'는 수학에 자신감을 느끼게 해준다.

'식 만들기'나 '문제 풀이'를 하는 것은 주어진 것을 받아들이는 것입니다. 소극적인 자세로 과제를 해결해내기만 하면 되죠. 반면 '문제 만들기'를 하려면 직접 참여해서 무언가를 창조해내야 합니다. 스스로 생각하고 결정해야 합니다. 적극적인 자세가 필요한 활동이죠. 자기 주도성은 자신감의 전제 조건입니다. '내가 만든 문제', '내가 생각해낸 아이디어'를 자랑스러워하는 것에서부터 자신감은 커갑니다.

3. '문제 만들기'는 학생들을 소비자에서 생산자로 바꿔준다.

대부분 학생은 주어진 문제를 풀이하는 수동적인 입장으로 수학을 마주합니다. 요즘 식으로 말하자면 콘텐츠 소비자죠. '문제 만들기'는 콘텐츠 소비자였던 학생들을 콘텐츠 생산자로 다시 태어나게 해줍니다. 이 과정에서 학생들은 직접 문제를 만들기 때문에 마치 자신이 수학 전문가가 된 것 같은 기분을 느끼게 됩니다. 새로운 문제를 만들어내면서 아이들은 지식 생산자가 됩니다. 창의적인 생각을 틔울 수 있는 환경이 마련되는 것이죠.

4. '문제 만들기'는 학생들의 수학적 상상력을 키워준다.

'문제 만들기'를 하면서 학생들은 책 속에서 보던 수학적 개념을 일상생활과 어떻게 연결 지을 수 있는지를 고민하게 됩니다. '+, -, ×, ÷'로 이루어진 딱딱한 사칙연산 문제 속에 어떤 이야깃거리를 넣어 흥미진진한 문제로 바꿀 수 있을지 생각해보게 됩니다. '문제 만들기' 활동을 통해 부담 없이 상상력을 펼칠 기회를 얻게 됩니다.

5. '문제 만들기'는 수학적 문제해결력을 길러준다.

제시된 문제를 제대로 이해하지 못하면 새로운 문제를 만들 수 없습니다. 문제에서 제시하고 있는 상황이나 조건, 문제의 구조를 충분히 이해해야만 문제를 변형할 수 있기 때문이죠. 이 과정에서 문제에 대한 분석이 이루어지는 것이고요. 또한 내가 만든 문제가 오류 없이 잘 만들어졌는지를 확인해보는 과정, 친구들이 만든 문제가 타당한지를 검토해보는 과정, 이런 과정들이 수학적 문제해결력을 키워줍니다.

'문제 만들기', 어떻게 해야 할까?

이렇게 장점이 많은 '문제 만들기' 방법을 아이들에게 어떻게 도입하는 게 좋을까요? 학자들마다 정의하는 '문제 만들기'에는 조금씩 차이가 있습니다. 먼저, 원래 있는 문제에서 조건을 약간 바꿔 새로운 문제로 만들어내는 방법이 있습니다. 가장 일반적인 방법이라고 할 수 있죠. 두 번째 방법은 문제와 관련된 내용이 전혀 없는 상황에서 새롭게 문제를 만드는 것입니다. 무에서 유를 창조하는 것이죠. 첫 번째 방법보다는 높은 수준의 사고력이 요구됩니다.

제가 학생들과 자주 사용하는 방법은 기존 문제(수학책, 수학익힘의 문제)의 조건을 약간 바꿔 새로운 문제를 만들어보는 것입니다. 학생들은 네 가지 스텝을 밟아가며 문제를 만들어내게 됩니다.

스텝 1 : 문제 해결

⬇

스텝 2 : 변형할 만한 조건 살피기

⬇

스텝 3 : 문제 만들기

⬇

스텝 4 : 문제 분석 및 바꿔 풀기

- **스텝 1**

첫 번째 단계는 제시된 문제를 해결하는 것입니다. 제시된 문제를 풀지 못하는 데 새로운 문제를 만들어낸다는 것은 어불성설이겠죠? 문제 속에 어떤 수학적 개념·원리가 포함되었는지, 주어진 것과 구하는 것이 무엇인지를 파악하며 문제를 해결하는 게 문제 만들기의 출발점입니다.

- **스텝 2**

두 번째 단계는 제시된 문제에서 변형할 만한 조건을 살피는 것입니다. 문제의 소재를 바꿀 것인지, 중심인물을 바꿀 것인지, 수를 바꿀 것인지, 용어를 바꿀 것인지, 사용된 자료를 바꿀 것인지를 곰곰이 생각해보는 것이죠.

우리 반 학생들이 공감할 수 있는 상황 속에서 문제를 풀이하게 하거나 익히 알고 있는 이야기 속에 문제 상황을 녹여내는 것, 학생들이 자주 사용하는 변형 방법입니다. 또한 주어진 것(조건)이 아닌 구하는 것을 변형하는 유형도 있습니다. 하나의 정답을 구하는 것이 아니라 해결할 수 있는 방식을 묻는 형태로 문제 유형 자체를 변형해버리는 것이죠. 수학적 상상력을 작동시킬 수 있는 핵심적인 단계가 두 번째인 '변형할 만한 조건 살피기' 단계입니다.

- **스텝 3**

세 번째 단계는 문제를 만드는 것입니다. 처음에 제시된 문제를 바탕으로 하여 '변형할 만한 조건'들을 다양한 방식으로 변형하여 새로운 문제를 창조해냅니다.

- **스텝 4**

네 번째 단계는 문제 분석 및 바꿔 풀기입니다. 이 단계를 아이들이 가장 좋아합니다. 내가 창작하거나 변형한 문제를 친구들이 풀어보게 한다는 것에서 아이들은 쾌감을 느낍니다. 그런데 한 가지 주의해야 할 점이 있습니다. 내가 만든 문제를 사람들에게 발표하기 전에 두 번 정도 직접 풀어봐야 합니다. 가끔 숫자를 잘못 배치해서 해답을 구할 수 없는 문제들이 출제되기도 하기 때문이죠. 또는 친구들이 문제를 못 풀게 만들기 위해 답이 없거나 계산이 매우 복잡한 문제를 만들어내기도 하기 때문입니다. 참, 아이들답죠? 문제를 발표하기 전에 내가 먼저 풀어보면서 이 문제를 풀어볼 학생들의 입장이 되어봐야 합니다. 그래야만 제대로 된 문제가 만들어집니다. 대학수학능력시험을 출제하는 출제자들도 아마 이렇게 문제를 분석하고 검증하는 단계를 거치겠지요. 출제자가 문제를 검증한 다음 바꿔 풀기. '문제 만들기'를 적용할 때 꼭 기억해주세요.

구글 설문지로 수학 퀴즈 만들기

우리 반 아이들의 이야기에 따르면 '문제 만들기'를 하다 보면 내가 만든 문제를 더 많은 사람에게 공유하고 싶어진다고 합니다. SNS에 올린 내 게시물을 더 많은 사람이 봐주길 바라는 마음과 비슷한 걸까요? 여하튼 아무리 창의적인 문제를 만들었다 하더라도 노트 한쪽 귀퉁이에 나만 볼 수 있게 적어놓는다면 그 가치를 인정받기 어렵습니다.

아이들이 만든 문제는 일종의 콘텐츠입니다. 완성된 콘텐츠를 더 많은 사람과 공유하기 위해서는 디지털 도구의 도움이 필요합니다. 그래서 우리 반에서는 구글 설문지를 이용해서 '문제 만들기' 활동을 진행하고, 이렇게 완성된 문제를 학급, 학년의 친구들과 공유하는 방식으로 수학 수업을 운영하고 있습니다.

구글 설문지로 수학 퀴즈 만들기의 장점

1. 수학 퀴즈를 만들며 중요한 내용을 다시 한 번 살펴볼 수 있다.
2. 내가 만든 문제를 더 많은 사람과 공유할 수 있다.
3. 문제에 대한 응답 결과를 데이터로 변환하여 보여주기 때문에 그래프 해석 능력을 기를 수 있다.
4. 친구들의 응답 결과를 살펴보며 문제에 대한 이해의 정도, 오답 등을 파악할 수 있다.
5. 친구들의 문제를 풀어보며 더 좋은 문제와 덜 좋은 문제를 구분하는 감식안을 키울 수 있다.

다음은 초등학교 5학년 학생들이 만든 문제입니다. '문제 만들기' 활동의 세 번째 시간에 완성한 문제인데 나름 수준이 높지 않나요? 구글 설문지를 만들고 공유하는 과정이 너무 직관적으로 이해하기 쉽기 때문에 초등학교 중학년 이상이면 누구나 만들고 공유할 수 있습니다. 아이들이 만든 수학 문제의 구글 링크를 카톡으로 전달받아 부모가 먼저 풀이하는 일, 1분이면 될 것

같은데 한번 해보시겠어요?

포모도로 기법으로
집중력 높이기

    평균적인 성인이 업무에 집중할 수 있는 시간은 어느 정도일까요? 연구에 따르면 22분에서 25분 정도라고 합니다. 물론 사람에 따라 이보다 조금 짧거나 길 수 있겠죠. 그렇다면 초등학생들은 한 번에 몇 분 정도 집중할 수 있을까요? 저학년은 10분 남짓, 중학년은 20~30분, 고학년은 40분 정도라는 이야기가 있지만 저는 그렇게 생각하지 않습니다. 성인의 집중력이 25분 정도인데 초등학생이 40분 동안 집중한다는 건 결코 쉽지 않은 일입니다. 물론 '집중'이란 개념을 어떻게 정의할 것인지에 관한 이야기가 앞서야겠지만 말이죠.

    학문적으로 치밀하게 연구하지는 못했지만, 저의 경험에 따르면 초등학생들은 고학년을 기준으로 하더라도 온전히 집중할 수 있는 시간이 20분이 채 되지 않습니다. 고학년이라도 10분도 안 되는 아이들도 있고요. 실제로 수학 시험지를 나눠준 뒤, 처음 5분과 다음 5분, 시작한 지 20분이 되었을 때의 교실 분위기는 같지 않습니다. 물론 학생들은 눈으로 문제를 풀고 있지만, 교실 속에서 맴도는 기운에 대한 저의 느낌은 분명하게 다릅니다.

그렇다면 그다지 길지 않은 20분 남짓의 시간을 효율적으로 활용하는 방법은 없을까요? 20분밖에 집중하지 못한다고 아쉬워할 게 아니라 20분이라도 알차게 사용한다면 충분히 남는 게 임이 될 거예요. 초등학생들은 매시간 40분을 단위로 수업에 참여하게 되지만 저희 반 아이들은 포모도로를 기준으로 문제를 풀고 수업에 집중하는 연습을 해오고 있습니다.

포모도로 기법이란?

포모도로(Pomodoro)를 직역하면 황금빛 사과입니다. 그런데 이탈리아에서는 토마토를 포모도로라고 부르죠. 황금빛 사과와 토마토가 어떻게 같은 단어가 되었을까요? 토마토는 처음 생산

되었을 때 노란빛을 띱니다. 마치 사과처럼 말이죠. 그래서 토마토를 포모도로라고 부르게 되었다고 합니다. 이탈리안 레스토랑에서 포모도로 파스타를 먹어봤다면 이미 알고 있는 정보죠?

그렇다면 포모도로 기법(Pomodoro Technique), 토마토 기법은 무엇일까요?[18]

이 용어는 1980년대 후반 프란체스코 시릴로라는 대학생이 창안해낸 것으로 알려져 있습니다. 그는 어떻게 하면 시간을 효율적으로 사용하여 집중할 수 있을지를 고민하다 이 방법을 떠올렸다고 합니다. 이 아이디어를 떠올릴 당시 토마토 모양의 타이머를 사용해서 포모도로라는 이름을 붙였다고 합니다.

포모도로 기법을 적용하는 방법은 굉장히 간단합니다. 먼저 토마토처럼 생긴 요리용 타이머를 25분으로 맞춥니다. 그리고 25분 동안 집중해서 목표로 하는 일을 하는 거예요. 25분이 흘러 타이머가 울리면 이번에는 타이머를 5분으로 설정한 다음 5분 동안은 쉽니다. 25분 일, 5분 휴식. 이 하나의 사이클이 1 포모도로입니다. 목표로 하는 일의 난이도, 분량에 따라 포모도로의 수를 늘려가면 됩니다. 개발자에 따르면 4 포모도로까지 완료했을 때는 5분을 휴식하는 게 아니라 20분 정도의 긴 휴식을 취하는 게 좋다고 하네요. 어때요? 포모도로 기법, 간단하죠?

세계적인 두뇌 전문가이자 베스트셀러 《마지막 몰입(원제:Limitless)》[19]의 저자 짐 퀵(Jim Kwik)에 따르면 포모도로 기법이 기억력에도 도움을 준다고 합니다. 그는 심리학에서 자주 언급되는 첫인상 효과와 관련된 초두 효과(Primacy effect)와 가장 최신에 본 것을 잘 기억한다는 최신 효과(Recency effect)가 작용하여 포모도로 기법을 사용하면 집중력이 높아지고 학습 내용을 기억하기 쉬워진다고 주장했습니다.

여담으로 제가 강연에서 프란체스코 시릴로의 포모도로 기법을 소개할 때마다 듣는 질문이 있습니다. "꼭 25분이어야 하나요?"라는 질문입니다. 사실 25분이라는 시간은 이 아이디어의 창안자인 프란체스코 시릴로의 생각입니다. 물론 성인들이 집중할 수 있는 평균 시간과 연결되어 있긴 하지만요. 저는 개인적으로 '꼭 25분일 필요가 있을까?'라는 의구심이 듭니다. 사람에 따라 집중하는 시간이 30분, 35분도 가능한 경우가 있을 수 있으니까요. 만약 포모도로 기법을 사용하는 주체가 초등학생이라면 25분이 아니라 20분이나 15분으로 단축해서 운영하는 것도 괜찮은 선택지라고 생각합니다. 물론 그 시간을 지나치게 단축해서 5분 문제 풀고 5분 쉬는 형식으로 운영해서는 안 되겠지만 말이죠.

포모도로 기법을 사용하여 수학 문제 풀기

포모도로 기법은 성인들의 업무 효율을 높이는 방법으로 알려졌지만, 초등학생들에게도 효과적인 방법입니다. 아무래도 오랜 시간 수학 공부를 하거나 문제를 풀다 보면 정신이 산만해지기 마련입니다. 이걸 막으려면 공부하는 시간을 짧은 단위로 쪼개야 합니다. 산만해질 때쯤 쉬는 시간을 갖는 것이죠.

아이들에게 물어보면 수학 문제를 풀 때 매일 풀어야 하는 범위가 정해져 있다고 말하는 경우가 많습니다. 하루 두 장, 하루 네 장처럼 말이죠. 이렇게 분량으로 공부 범위를 정하다 보면 순간적인 몰입이 되지 않는 게 사실입니다. 아이들이 매일 하는 스마트폰 게임을 떠올려보세요. 제한 시간 내에 미션을 완료해야 한다는 시간의 압박이 있어서 더 몰입할 수 있는 거예요.

수학 문제도 한정된 시간 내에 풀려고 하면 순간적으로 집중도가 높아집니다. 뭔가 긴장되는 그런 느낌이 있죠. 그래서 저는 수학 수업 시간에 2분 동안 한 문제 풀기, 5분 동안 세 문제 풀기와 같이 작은 단위로 그날 해결해야 할 범위를 쪼개줍니다. 120초로 설정된 타이머를 보여주면서 이렇게 말합니다. "2분 동안 한 문제를 풀어보자!"

신기하게도 이렇게 문제를 풀면 아이들은 시간이 정말 빨리 간다고 느낍니다. 그리고 시간 내에 풀고 정답까지 맞으면 더 기뻐하죠. 이런 방식으로 2분, 5분, 10분, 15분으로 몰입할 수 있는 시간을 점점 늘려가면 아이들이 집중할 수 있는 시간도 점점 길어집니다. 처음부터 25분이라는 포모도로 기법의 정석대로 하려고 하면 아이들의 집중력이 못 미칠 수 있습니다. 그럴 때는 5분부터 서서히 시간을 늘려가는 방식을 사용해보세요.

단, 한 가지 주의할 점이 있습니다. 간혹 시간 압박을 받으면 평소에 쉽게 풀던 문제도 어렵게 느끼는 학생들이 있습니다. 제한 시간이 있다는 것 자체에 스트레스를 받는 학생들도 있고요. 정해진 시간 동안 몰입해서 과제를 해결하는 포모도로 기법이 잘 안 맞는 학생도 분명히 있습니다. 그러므로 이 방법을 적용할 때는 아이의 특성, 성향, 학습 태도 등 여러 가지를 고려한 다음 아이와 함께 시간을 정하는 게 좋습니다.

초등학생 안성맞춤 타이머

포모도로 기법을 적용하려면 타이머가 필요합니다. 학생들이

> **포모도로 기법을 사용한 수학 문제 풀이 Tip!**
>
> 집중할 수 있는 시간이 긴 학생들은 25분으로 시작해도 좋지만, 집중할 수 있는 시간이 짧으면 2분, 5분, 7분, 10분으로 서서히 시간을 늘려가는 방식으로 접근하는 게 좋습니다. 그리고 휴식 시간은 25분 기준 5분이므로 학생이 이 비율을 적절하게 조절할 수 있도록 규칙이 필요합니다.
>
> 1. 2분에 한 문제 풀기
> 2. 5분에 세 문제 풀기
> 3. (   )분에 (   )문제 풀기

가진 스마트폰의 기본 타이머도 기능은 충분하지만 재미가 조금 부족합니다. 포모도로 기법의 핵심 아이디어를 반영한 다양한 실물 타이머나 어플리케이션을 찾아 학습의 흥미를 높일 방법을 고민해보는 것이 좋습니다. 작은 소품이나 어플리케이션이 학습에 대한 흥미를 불러오는 마중물이 되어줄 수 있으니까요.

실물 타이머

- 토마토 타이머
- 베이킹 타이머
- 모래시계

안드로이드

- Pomodoro Timer Lite(포모도로 타이머 라이트)
  : 포모도로 타이머 본연의 기능에 집중한 앱. 특별한 부가 기능은 제공하지 않는다.
- Brain Focus(브레인 포커스)
  : 군더더기 없는 깔끔한 인터페이스로 인기가 많다.

iOS

- Focus To-Do
  : 포모도로 타이머와 함께 To-Do 리스트를 사용할 수 있다.
- 포모도로
  : 포모도로 타이머과 더불어 백색 소음을 제공해준다.
- Flat tomato
  : 다른 어플에 비해 감각적인 디자인이 장점이지만, 한국어 지원이 되지 않는다.

서술형 문제 극복법 ①
구하는 것과 주어진 것 찾기

수학 교과를 포함한 다른 교과에서도 서술형 문제의 비중은 점점 커지고 있습니다. 특히 2028학년도 대학수학능력시험에서 논술형, 서술형 문제가 많이 출제된다면 이에 발맞춰 중고등학교에서도 서술형 문제를 다루는 비중이 높아질 거예요.

'피할 수 없으면 즐겨라!'라는 명언이 있습니다. 서술형 문제를 피할 수 없다면 즐기면서 극복해나가야 합니다. 서술형 문제를 해결하는 데 어려움을 겪는 아이들을 다년간 살펴보며 알게 된 서술형 문제 풀이를 가로막는 장애물과 이를 극복하는 방법에 관해 이야기를 시작해보겠습니다.

자, 그럼 이제 실전으로 들어가 직접 서술형 문제를 살펴보면서 이야기를 이어가보겠습니다.

구하는 것, 주어진 것을 찾아라!

> 진영이네 가족은 사과 24개를 샀습니다. 아버지가 24개의 $\frac{2}{8}$ 만큼을, 언니가 24개의 $\frac{1}{3}$ 만큼을 먹고 남은 나머지는 진영이가 먹었습니다. 세 사람 중 사과를 가장 많이 먹은 사람은 누구일까요?
>
> 3학년 〉 2학기 〉 수학 〉 분수

3학년 2학기 분수와 관련된 내용입니다. 계산 과정은 전혀 어렵지 않지만 의외로 오답률이 높은 문제 유형 중 하나입니다.

이 문제에서 구하는 것은 무엇일까요? 진영이가 몇 개를 먹었는지일까요? 의외로 많은 학생이 이 문제의 답에 진영이가 먹은 사과의 개수를 적습니다. 학생들의 시험지를 채점하다가 이런 답을 볼 때면 너무 안타깝습니다. 문제를 풀 수 있는데도 문제를 이해하지 못해 틀렸으니까요. 이 문제에서 구하려고 하는 것은 '누가 사과를 가장 많이 먹었는가?'입니다.

다음은 주어진 것을 찾아볼 차례네요. 주어진 내용은 전체 사과의 개수, 아버지와 언니가 먹은 사과의 개수입니다. 주어진 내용이 이렇게 세 가지라는 것을 이해했다면 진영이가 먹은 사과의 개수는 저절로 나오겠죠? 그러면 누가 가장 많이 먹었는지도 자연스럽게 알 수 있을 거예요. 물론 24개를 8묶음으로 나눈 것 중의 2묶음, 24개를 3묶음으로 나눈 것 중의 1묶음이 몇 개인지는 계산할 수 있어야겠지만 말이죠.

이렇게 구하는 것, 주어진 것이 무엇인지 파악하는 것만으로도, 서술형 문제 풀이의 절반은 왔다고 할 수 있습니다. 한 문제 더 볼까요?

이번에는 5학년 분수와 소수의 크기 비교 문제를 함께 보도록 하겠습니다.

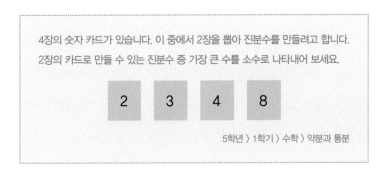

4장의 숫자 카드가 있습니다. 이 중에서 2장을 뽑아 진분수를 만들려고 합니다. 2장의 카드로 만들 수 있는 진분수 중 가장 큰 수를 소수로 나타내어 보세요.

2   3   4   8

5학년 〉 1학기 〉 수학 〉 약분과 통분

카드 조합 문제는 제가 초등학교에 다니던 시절에도 출제되던 문제입니다. 초등 수학계의 고려청자나 조선백자 정도 될까요? 이십여 년이 넘는 기간 동안 꾸준히 출제되는 데에는 분명

이유가 있을 거예요. 학생들이 어려워하기 때문이죠.

이 문제는 수를 제시해주는 게 아니라 학생들이 문제의 조건에 맞춰 수를 조합하게 합니다. 일반적인 연산 문제와 비교하자면 한 번 더 꼬여 있는 거죠. 그래서 학생들이 어려워하고 자주 틀리는 유형으로 꼽히는 것입니다. 그러나 이 유형도 마찬가지로 구하는 것과 주어진 것만 정확히 찾아낸다면 어렵게 않게 풀 수 있습니다.

이 문제에서 구하는 것은 '진분수 중 가장 큰 수'입니다. 주어진 것은 2, 3, 4, 8 네 장의 숫자 카드고요. 주어진 네 장의 카드 중 두 장을 조합해서 가장 큰 진분수를 만들어내는 것이 문제의 핵심입니다.

그런데 이 문제를 해결하기 위해서는 '진분수'의 개념을 알고 있어야 합니다. 진분수(眞分數)는 분자가 분모보다 작은 분수입니다. 그럼 만들 수 있는 조합은 다음과 같은 $\frac{2}{3}, \frac{2}{4}, \frac{3}{4}, \frac{2}{8}, \frac{3}{8}, \frac{4}{8}$ 여섯 가지가 나오겠죠? 문제에서 구하고자 하는 것은 '진분수 중 가장 큰 수'이므로 분모는 가장 작고, 분자는 가장 커야 합니다. 또는 분자가 분모보다는 크지 않지만, 분모와 가깝게 큰 수여야 합니다. 그렇다면 여섯 가지 중 한 가지 분수가 눈에 들어옵니다. 이 분수를 소수로 나타내면 정답이겠죠? 이런 유형의 문제는 주어진 게 무엇인지만 파악하면 다음은 쉬워집니다.

서술형 문제 극복 Tip!

우리 아이가 서술형 문제에 너무 약하다면 아래 방법으로 훈련해보세요.

> **서술형 문제를 읽은 다음, 구하는 것과 주어진 것이 무엇인지 말해보기**

서술형 문제를 끝까지 풀지 않아도 괜찮습니다. 핵심어를 찾는 것이 이 훈련법의 목표니까요. 이 과정을 반복하다 보면 아이에게 문제를 읽어내는 눈이 생깁니다. 일종의 안목이라고 할까요? 이 안목을 갖게 되면 나중에 아무리 긴 서술형 문제를 만나더라도 당황하지 않습니다. 구하는 것과 주어진 것, 이 두 가지만 찾아내면 되니까요.

구하는 것, 주어진 것을 표시하며 읽기!

서술형 문제를 읽은 다음 구하는 것과 주어진 것을 찾아야 한다는 것을 머리로는 알고 있지만, 문제 풀이에서 실수하는 학생들이 있습니다. 이런 학생들에게는 표시하며 읽는 방법을 안내해주는 게 좋습니다.

이 방법은 서술형 문제에 동그라미를 치거나 밑줄을 그으면서 읽는 것입니다. 독서를 할 때 기억해두고 싶은 구절에 밑줄을 긋거나 동그라미를 치며 읽는 것과 같은 원리입니다. 독서 전문가들의 말에 따르면 단순히 밑줄을 긋거나 동그라미 표시를 하는 행동만으로도 문장의 의미를 잘 이해할 수 있게 된다고 합니다.

방법은 매우 간단합니다. 서술형 문제에 나오는 숫자에는 동그라미를 치고, 구하는 것에는 밑줄을 치는 거예요.

이렇게 문제 자체에 표시해두면 주어진 수가 무엇인지, 구해야 하는 것이 무엇인지를 한눈에 알아볼 수 있습니다. 또한 검토할 때도 표시된 부분만 확인하면 되므로 시간을 절약할 수 있습니다. 바로 예시로 들어가 보겠습니다.

한 상자에 ③kg인 쿠키를 ⑤명이 똑같이 나누어 가지려고 합니다. 한 사람이 몇 kg의 쿠키를 가질 수 있을지 소수로 나타내어 보세요.

똑같은 무게의 귤이 ⑨개 담긴 쟁반이 있습니다. 빈 쟁반의 무게는 $\frac{3}{5}$kg이고, 쟁반과 귤의 무게는 $4\frac{1}{5}$kg입니다. 그렇다면 귤 한 개의 무게는 몇 kg인지 구해보세요.

지운이는 어제 $\frac{1}{4}$시간 동안 글쓰기를 한 다음, 영어 동화책을 ③0분 동안 읽었습니다. 지운이가 글쓰기와 영어 동화책을 읽은 시간은 모두 몇 시간인지 분수로 나타내보세요.

서술형 문제 극복 Tip!

> **구하는 것에는 밑줄을! 숫자에는 동그라미를!**

구하는 것, 주어진 것을 구분하기 어려워한다면 확실하게 표시하는 방법을 써
보세요. 밑줄과 동그라미를 쳐두면 한눈에 핵심을 파악할 수 있어서 문제 이해
도는 높아지고 실수는 줄일 수 있습니다.

엄마와 함께해보는 연습1

우리 학교에서 올해 독서 마라톤에 참여한 학생은 모두 5,000명입니다.
그중에서 2,700명이 자신이 지정한 코스를 완주했습니다. 독서 마라톤
을 완주한 학생은 전체 학생의 몇 %인지 구해보세요.

엄마와 함께해보는 연습2

어떤 수에 2를 곱한 후 15와 7의 차로 나눈 몫에 5를 더했더니 10이 되
었습니다. 어떤 수는 얼마인지 구해보세요.

엄마와 함께해보는 연습3

3, 4, 5, 6
다음 네 개의 수 중 3개를 골라 만들 수 있는 세 자리 수 중 4의 배수인
가장 큰 수는 무엇인지 구해보세요.

서술형 문제 극복법 ②
그림이나 식으로 문제 구조화하기

인간의 뇌는 좌뇌와 우뇌로 나뉩니다. 좌뇌는 논리, 언어, 순서와 같은 것들과 관계가 있습니다. 우뇌는 형체, 크기, 색과 같은 전체적인 형상과 관련이 있고요. 그렇다면 서술형 수학 문제를 풀이하는 것은 좌뇌와 우뇌 중 어느 곳과 관련되어 있을까요? 그렇습니다. 보통은 좌뇌를 주로 활용하게 됩니다.

그런데 그림이나 식을 이용해 도식화해서 서술형 문제를 분석하게 되면 어떤 일이 일어날까요? 이미지와 관련 있는 우뇌가 활성화되기 시작합니다. 형상, 다시 말해 하나의 덩어리로 텍스트를 이해하게 되는 것이죠. 그림이나 식으로 문제를 구조화하여 풀이하면 좌뇌와 우뇌를 모두 사용하게 되므로 문제를 쉽게 이해할 수 있게 되고 당연히 정답률도 높아집니다.

그림이나 식으로 문제를 구조화하자!

서술형 문제를 그림이나 식으로 어떻게 구조화할 수 있는지 실전 문제를 통해 설명해보겠습니다.

> 지원이와 민철이가 딴 사과의 무게는 30kg입니다. 지원이가 딴 사과의 무게는 민철이가 딴 사과의 무게보다 6kg 더 무겁다고 합니다. 지원이가 딴 사과의 무게는 얼마인가요?

이 문제를 성인에게 주면 대다수는 다음과 같은 표를 그려서 문제를 해결하려 합니다.

지원	20	19	18	17
민철	10	11	12	13
사과의 수	30	30	30	30

물론 이렇게 해결하는 방법도 옳습니다. 그런데 이 문제는 초등학교 3학년 학생들을 대상으로 출제된 문제입니다. 3학년 학생들에게 이렇게 표를 그려서 설명하면 아이들은 급격하게 복잡하다는 표정을 짓습니다. 이 방법보다 더 쉬운 방법은 없을까요? 그림이나 식으로 문제를 구조화하면 아이들은 쉽게 이해할 수 있습니다.

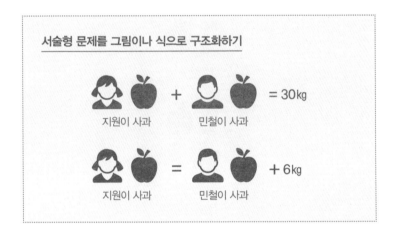

주어진 서술형 문제를 그림으로 구조화해보면 위와 같이 표현할 수 있습니다. 글로 읽는 것보다 훨씬 직관적으로 이해할 수 있지 않나요? 이렇게 그림으로 표현해 보면 다음 단계로 넘어가기 위한 단서를 얻을 수 있습니다. 그림과 식으로 문제를 구조화하는 과정만으로 정답을 구하는 걸 보여드리겠습니다.

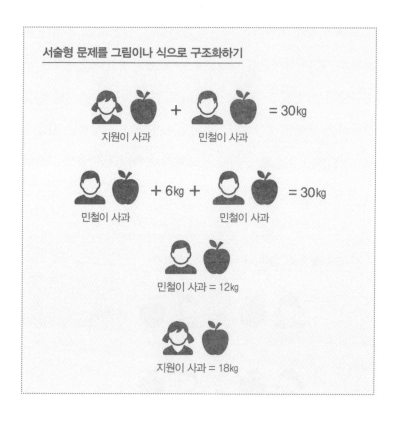

서술형 문제를 그림이나 식으로 구조화하기

지원이 사과 + 민철이 사과 = 30kg

민철이 사과 + 6kg + 민철이 사과 = 30kg

민철이 사과 = 12kg

지원이 사과 = 18kg

어떤가요? 너무나 간단하게 서술형 문제를 해결할 수 있지 않나요? 서술형 문제 풀이에 서툰 학생들은 문제 자체를 이해하지 못해 어려워하는 경우가 많습니다. 그런데 아이들의 학습 성향에 따라 문자보다 이미지로 학습하는 게 익숙한 학생들이 있습니다. 그런 학생들에겐 이처럼 그림이나 식으로 문제를 구조화하는 방식이 잘 맞을 수 있습니다.

서술형 문제 극복 Tip!

> **문제를 그림이나 식으로 나타내보자!**

글로 읽었을 땐 이해되지 않던 내용이 그림으로 표현하면 너무 쉽게 이해되는 때가 있습니다. 수학에서는 정답을 찾아가는 길이 하나만 있는 게 아닙니다. 나에게 맞는 방법으로 올바른 목적지에 도착할 수 있다면 그 방법 또한 옳은 방법이죠. 다양한 풀이 방법을 이용해 서술형 문제에 접근하는 것이 수학적 사고력을 키워주고 서술형 문제에 강한 학생으로 만들어줄 수 있습니다.

서술형 문제 극복법 ③
풀이를 꼼꼼하게 확인하기

    초등학교 수학 교과에서는 두 권의 교과서를 사용합니다. 수학과 수학익힘, 이 둘을 가르는 차이점 중 하나는 정답과 풀이를 제공하는지입니다. 수학책에는 정답과 풀이가 없지만, 수학익힘에는 책의 끝부분에 정답과 풀이 부분이 할당되어 있습니다. 교육부에서 수학익힘에 정답과 풀이를 포함한 이유는 수학익힘이 워크북이기 때문입니다. 워크북은 학생들 스스로 학습하여 학습 내용에 대한 이해도를 점검하는 일종의 문제집입니다. 자기 주도적으로 풀이하고 채점할 수 있도록 수학익힘에 정답과 풀이를 제공하고 있는 것입니다.

풀이를 꼼꼼하게 읽는 학생이 없다

보통의 수학 수업은 선생님이 수학책의 내용을 설명한 다음 학생들이 스스로 수학익힘을 풀이하고 채점하는 형태로 이루어집니다. 또는 수업 시간에는 수학책만 다루고 수학익힘은 과제로 내주는 경우도 많고요. 저는 되도록 과제를 내주려 하지 않아서 수업 시간에 수학익힘을 푸는 방식으로 수업을 설계하고 있습니다.

학생들에게 수학익힘을 풀자고 말한 다음 제가 유심히 살펴보는 게 있습니다. 바로 채점하는 모습입니다. 채점할 때 학생들의 성향이 나오더라고요.

틀린 문제를 채점하지 않는 학생
틀린 문제를 맞았다고 동그라미 치는 학생
정답을 보고 자신의 답을 살짝 고쳐 동그라미 치는 학생

채점하는 모습만 봐도 그 학생이 수학 문제를 틀린다는 것을 어떻게 생각하는지 짐작해볼 수 있습니다. 다음에 기회가 된다면 아이들이 채점하는 모습을 찬찬히 살펴보세요. 흥미로운 경

험이 될 테니까요.

잠깐 이야기가 삼천포로 흘렀지만, 학생들이 채점하는 모습을 살펴보다 발견하게 된 더 중요한 사실은 풀이를 읽는 학생이 없다는 것입니다. 중상위권 학생은 물론, 문제를 틀린 하위권 학생들도 대부분 정답만 확인하고 넘어가더라고요.

그런데 수학익힘의 정답과 풀이를 한 번이라도 봤다면 알겠지만, 생각보다 풀이가 자세하게 서술되어 있습니다. 정답은 한 줄이지만 풀이는 다섯, 여섯 줄로 매우 구체적으로 서술되어 있습니다. 특히 서술형 문제의 풀이는 문제보다 더 긴 경우도 많습니다. 그만큼 교과서 집필진들이 공을 들여 풀이 부분을 기술했다는 말입니다.

또한 수학익힘의 정답과 풀이 부분은 교사가 읽는 부분이 아니라 학생들이 읽는 부분이기 때문에 해당 학년의 학생이라면 누구나 이해할 수 있는 수준으로 쓰여 있습니다. 쉽게 말해, 어른들의 언어가 아니라 아이들의 언어로 서술되어 있다는 말입니다. '백문이불여일견'이라는 말이 있죠? 실제 수학익힘의 풀이와 비슷한 풀이를 통해 이야기를 이어가보겠습니다.

오른쪽의 풀이는 반올림하여 십의 자리까지 나타내었을 때 460이 되는 어떤 수의 범위를 수직선에 나타내보는 문제에 대한

"반올림하여 십의 자리까지 나타냈을 때 4600이 되는 수는 십의 자리가 5인 경우와 6인 경우로 나눠 생각해 볼 수 있습니다. 먼저 십의 자리가 50이면서 4600이 되는 경우는 455, 456, 457, 458, 459가 있습니다. 그리고 십의 자리가 60이면서 4600이 되는 경우는 460, 461, 462, 463, 464가 있습니다. 정리하자면 반올림하여 십의 자리까지 나타냈을 때 4600이 되는 수는 455 이상의 수, 465 미만의 수가 되어야 합니다. 이 내용을 바탕으로 어떤 수의 범위를 수직선에 나타낸 것이 정답입니다."

출처 : 2015 개정 교육과정 초등학교 5-2 수학익힘 정답과 풀이 100쪽 변형[20]

풀이입니다. 수의 범위와 어림하기 단원에서 출제된 문제로, 정답지에는 수직선만 표시되어 있습니다. 그런데 풀이가 이렇게 깁니다. 풀이 내용을 이해하려면 상당한 독해력이 요구될 것 같지 않나요? 이 정도면 수학 공부가 아니라 국어 지문 독해라고 해도 될 수준입니다.

그래서인지 이 문제를 푼 학생 대부분은 풀이를 읽지 않습니다. 문제를 맞은 학생은 다 아는 내용이니까 넘어갔다고 쳐도 틀린 학생도 읽지 않습니다. 그냥 틀렸다는 표시만 하고 지나가죠. 하지만 수학익힘의 풀이는 이렇게 쉽게 넘겨버릴 게 아닙니다. 수학책에서 미처 설명할 수 없었던 내용이나 다시 강조하고 싶은 수학의 개념, 원리, 법칙들이 풀이에서 다시 등장하는 경우가 많습니다. 풀이가 엑기스 중에 엑기스라는 말입니다.

풀이 속에 핵심이 있다

초등학교 수학 교과서를 집필한 동료 선생님에게 다음과 같은 질문을 한 적이 있습니다.

"선생님, 수학책 집필할 때 가장 신경 쓰게 되는 부분은 어딘가요?"

선생님께서는 이렇게 대답하셨습니다.

"아무래도 학습 요소를 선정하고, 이해의 흐름에 맞춰 학습 요소들을 조직하는 부분에 가장 많은 시간과 에너지가 드는 것 같아요. 교수님들과 이견을 조율해야 하는 상황도 이 부분에서 가장 많이 발생하고요."

제가 다시 물었죠.

"질문이 조금 이상하긴 하지만, 가장 신경 안 쓰는 부분은 어떤 부분인가요? 아니, 노력이 가장 덜 들어가는 부분이라고 하는 게 맞겠네요. 예를 들어 수학익힘의 풀이 같은 부분은 아무래도 중요도가 덜하지요?"

선생님께서 대답하셨습니다.

"수학익힘을 정규 수업 시간에 다루지 않기 때문에 그렇게 생각하시는 분이 많더라고요. 그런데 의외로 그 부분에 손이 많이 가요. 왜냐하면 수학익힘 속 문제들은 대부분 수학책에서 강조했던 수학의 개념, 원리, 법칙을 제대로 이해하고 있는지를 확인하는 것들이거든요. 그래서 문제를 낼 때도 굉장히 고민을 많이 해요. 그만큼 풀이 부분을 서술할 때도 여러 선생님과 상의를 많이 하고요. 특히 수학익힘 풀이의 경우, 교사의 추가적인 설명 없이 학생 스스로 풀이를 읽고 문제를 이해하게 만드는 게 목적이다 보니 최대한 쉽게 서술하려고 노력하는 편이에요. 선생님도 읽어보셔서 알겠지만 정말 친절하게 쓰려고 몇 번을 퇴고한답니다."

예상치 못했던 답변이라 추가적인 질문을 하나 더 했습니다.

"정말요? 풀이 부분은 중요도가 떨어진다고 생각했는데, 선생님 말씀을 듣고 보니 정말 그러네요. 풀이 부분이 제대로 기술되어 있어야만 학생들이 자기 주도적으로 문제 풀이를 할 수 있겠다는 생각이 드네요."

선생님께서는 기다렸다는 듯이 말을 덧붙이셨습니다.

"맞아요. 풀이 부분이 이렇게 중요한데, 실제 현장 교사나 학부모, 학생들은 그 부분을 중요하게 생각하지 않는 것 같아서 아쉬울 때가 많아요. 수학책은 구성이 간단하고 직관적이어야 하다 보니 구구절절 설명할 수 없는 부분이 분명 있거든요. 거기서 미처 설명하지 못한 부분을 수학익힘의 풀이 부분이 채워주는 경우도 많아요. 저는 우리 반 학부모와 학생들에게 풀이 부분을 꼼꼼하게 읽어야 한다고 늘 강조하고 있어요. 설령 정답을 맞힌 문제라도 채점만 하고 지나가는 게 아니라 풀이를 반드시 읽어야 한다는 수학 수업 규칙도 세워두었고요."

동료 선생님과의 대화를 통해 저도 새로운 사실 하나를 알게 되었습니다.

"정답을 맞혔더라도 풀이를 읽자."

풀이 부분을 읽다 보면 자연스럽게 서술형 문제에 대한 대비가 됩니다. 초등 수학에서 자주 출제되는 서술형 유형인 '풀이 과정 서술형', '풀이 방법 설명형', '다양한 방법 제시형'의 경우, 모두 풀이 과정에 대한 이해가 뒷받침되어야 풀 수 있는 유형입니다. 그러므로 풀이를 꼼꼼하게 읽는 것은 서술형 문제의 모범 답안을 읽는 것과 같은 효과를 냅니다. 글을 잘 쓰려면 잘 써진 글을 자주 읽어봐야 한다는 이야기 들어보셨죠? 그것과 비슷합니다. 잘 서술된 풀이를 자주 읽을수록 나의 문제 풀이 과정을 설명하는 역량이 길러집니다.

자, 그렇다면 풀이를 어떻게 읽는 게 효과적일까요? 효과적으로 풀이를 읽는 방법을 정리해봤습니다.

서술형 문제 극복 Tip!

효과적으로 수학익힘 풀이 읽는 방법

1. 문제를 풀기 전 풀이를 읽지 않는다.
2. 문제를 풀 때 풀이 과정을 정리하며 푼 다음, 채점할 때 나의 풀이와 수학익힘(수학 문제집)의 풀이를 비교해본다.
3. 내가 풀이한 방법과 같은 방법으로 풀이하였는지, 다른 방법으로 풀이하였는지를 생각하며 풀이를 읽는다.
4. 내가 사용한 방법보다 더 간단하게 풀이한 풀이, 더 간단하게 설명한 풀이가 있다면 표시해두고 다시 읽거나 따라 써본다.

✓ Part 4.

진짜 수학 잘하는
아이는 이렇게
공부합니다

필독! 선행보다 중요한 것은
'심화'입니다

2015년 12월, 마이크로소프트(MS)의 창업자이자 빌&멀린다 게이츠 재단의 창립자인 빌 게이츠는 자신의 블로그 게이츠노트(Gatesnotes)에 10년 전 출간된 책 한 권을 추천 도서 목록에 올렸습니다. 그리고 책에 대한 코멘트를 이렇게 남겼습니다.

"내가 추천하는 책들은 대부분 신간이다.
그러나 나는 특별히 중요하다고 생각될 경우에는 오래전 출간된 책도 추천한다.
이 책이 바로 그런 책이다."[21]

독서광으로 알려진 빌 게이츠가 추천한 책은 스탠퍼드 대학교 심리학과 교수 캐롤 드웩(Carol S. Dweck, Ph.D.)이 쓴 《마인드셋》[22]이라는 책입니다. 《마인드셋》은 2006년 출간된 이래 10년 동안 아마존 베스트셀러 자리를 놓치지 않았던 책이죠. 빌 게이츠의 추천을 통해 읽게 된 이 책을 통해 저는 수학 수업에 대한 저의 관점을 바꾸게 되었습니다. 예전에는 문제 풀이의 알고리즘을 어떻게 하면 효과적으로 가르칠지에 집중했다면, 이 책을 읽은 다음부터는 깊이 있는 이해(Deeper learning)에 집중하는 쪽으로 바뀌게 되었습니다.

마인드셋이란?

《마인드셋》의 내용을 설명하기 전에 '마인드셋(Mindset)'이라는 단어에 대해 간단히 설명해야겠네요. 마인드셋이란 무엇일까요? 아쉽게도 이 단어의 의미와 완벽하게 일치되는 우리말은 없습니다. 비슷한 의미를 찾아 설명해보자면 대략 '삶을 바라보는 사고방식이나 관점' 정도로 표현하는 게 적절할 것 같습니다. 사고방식이라고 하니 뭔가 추상적이라고요? 그럼 일단 번역해

서 생각하지 말고 마인드셋이라는 단어 그대로 생각을 이어가
길 바랍니다.

캐롤 드웩 교수는 이 마인드셋이라는 개념을 다시 '고정 마인
드셋(Fixed mindset)'과 '성장 마인드셋(Growth mindset)'으로 구분합
니다.

'고정 마인드셋'은 인간의 자질이나 능력이 변하지 않는다고
믿는 사고방식입니다. 마치 광개토대왕릉비에 새겨진 문구처럼
절대 변하지 않는다고 생각하는 것이죠. 반면 '성장 마인드셋'은
현재의 자질은 노력이나 도움으로 얼마든지 바뀔 수 있다고 믿
는 사고방식입니다. 지금은 조금 부족하더라도 이건 출발점일
뿐이지 영원히 지속되는 게 아니라고 믿는 것입니다.

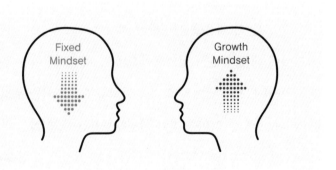

고정 마인드셋 vs 성장 마인드셋 그림

그렇다면 여기서 한 가지 궁금점이 생기죠? 캐롤 드웩 교수는 왜 '마인드셋'을 이야기하고 싶었던 걸까요? '성장 마인드셋'이라는 개념을 소개하면서 세상에 어떤 메시지를 던지고 싶었던 걸까요? '성장 마인드셋'을 가지면 누구나 뛰어난 사람이 될 수 있다고 이야기하고 싶었던 걸까요? 사람의 자질은 얼마든지 변할 수 있으니 도움을 받으며 노력하면 누구나 피겨 스타 김연아나 여자배구 국가대표 김연경이 될 수 있다고 말하려 했던 걸까요?

아닙니다. 누구든 노력한다고 해서 김연아나 김연경이 될 수는 없습니다. 타고난 재능이나 신체적인 조건을 바꿀 수 없다는 건 부인할 수 없는 사실이니까요. 그렇다면 '성장 마인드셋'이 가진 진짜 힘은 무엇일까요?

아이의 잠재력을 미리 판단해서는 안 된다

그녀가 전하고자 하는 메시지는 바로 이것입니다. 물론 캐롤 드웩 교수가 저에게 직접 이야기해준 것은 아니지만 그녀의 책과 연구물들[23]을 통해 파악하게 된 핵심은 다음과 같습니다. 캐롤 드웩 교수가 저에게 직접 이야기해주신다고 상상하여 써봤습니다.

"겉으로는 드러나지 않지만, 아이들 속에 지니고 있는 잠재력은 솔직하게 말씀드려 파악하기 어렵습니다. 그러므로 이 아이가 미래에 어떤 성과를 내게 될지를 판단하는 것도 참으로 어려운 일입니다. 교사나 부모가 어떤 도움을 어떻게 주고, 그 아이가 어떤 마음을 먹고, 어떻게 노력하는지에 따라 결과는 얼마든지 달라질 수 있습니다. 이걸 결정하는 게 '마인드셋'입니다."[24]

그런데 '마인드셋'이라는 개념에서 아주 중요한 사실은 '마인드셋'을 기를 수도, 이미 형성된 '마인드셋'이 바뀔 수도 있다는 것입니다. 왜냐하면 앞에서 설명했듯이 '마인드셋'이 사고방식이자 일종의 믿음이기 때문입니다. 영화를 보면 평생 사랑을 믿지 않았던 주인공이 어떤 계기로 사랑에 빠지고 '사랑 예찬론자'로 변하기도 합니다. 평생 종교와는 담을 쌓고 지내던 주인공이 어느 순간부터 절실한 종교인이 되기도 하고요. 이처럼 믿음이라는 건 변하거나 길러질 수 있는 종류의 마음입니다. 그러므로 현재 우리 아이가 '고정 마인드셋'을 가지고 있다고 해서 너무 낙

담할 건 없습니다. 부모와 교사가 어떤 말을 하고, 어떤 행동을 보여주느냐에 따라 '고정 마인드셋'이 '성장 마인드셋'으로 바뀔 수 있는 기회가 충분히 있으니까요.

선행 학습보다 중요한 것은?

"선생님, 이제 우리 애가 6학년이 되었으니, 중학교 선행 학습은 기본적으로 해야겠죠?"

많은 학생, 학부모가 선행 학습에 집착합니다. 미리 배우면 다른 학생들보다 더 잘할 수 있을 거라는 믿음이 있기 때문이죠. 물론 먼저 배우는 게 유리한 위치를 차지하는 데 영향을 미칠 수 있습니다. 하지만 선행 학습만큼, 아니 그보다 더 중요한 게 해당 학년의 심화 내용을 배우는 것입니다. 흔히 심화 개념, 심화 학습, 심화 문제라고 불리는 것들 말입니다.

빨리 배우는 선행 vs 깊게 배우는 심화

빨리 배우는 선행은 중요하다고 하면서 깊게 배우는 심화에는 그다지 관심 두지 않는 게 현재 학생, 학부모들이 수학 학습에서 가지고 있는 대표적인 문제점입니다. 수학을 잘하고 싶다면, 수학 머리를 틔우고 싶다면, 복잡하고 어려운 심화 문제와 친해져야 합니다. 너무 원론적인 이야기로 들릴 수 있지만, 수학을 잘하기 위한 가장 효과적인 방법은 이해에 집중하는 것입니다. 이해하는 것을 중요하게 여기고, 이해에 집중해야만 진정한 배움의 가치를 발견할 수 있습니다. 만약 우리 아이가 문제 풀이를 하지 못하고 있다면 이렇게 이야기해보는 건 어떨까요?

"어떻게 풀었는지 한번 보여줄래?"

어떻게 풀었는지를 보게 되면 우리 아이가 어디까지 알고 있고, 어디부터 모르는지를 파악할 수 있습니다. 이 데이터가 있다면 그다음에 어떤 방법을 사용해야 할지, 어떤 문제를 추가로 풀어야 할지도 가늠해볼 수 있을 거예요. 교사나 부모에게 "이 문제 푸는 공식 말해봐!", "지난번에 이 문제 푸는 방법을 배웠던 거 아니야?"라는 이야기를 들은 학생과는 전혀 다른 관점으로 수학을 대하게 될 거예요.

이해와 관련된 피드백을 반복해서 듣게 되면 아이들은 이렇게 생각하게 됩니다.

"수학에서 중요한 건 암기가 아니구나. 이해하는 게 더 중요하구나."

"선생님도, 엄마도 자꾸 이야기하시는 이해가 뭘까?"

"이 문제는 풀긴 풀었는데, 내가 진짜 이해한 걸까?"

"지금은 이해하지 못하지만, 선생님이 도와주신다면 이해할 수 있겠지?"

"아직 이해하지 못하는 내용이 많지만, 언젠간 이해할 수 있을 거야."

이해를 중요하게 생각하게 되면 문제를 틀리고 맞는 것에서 자유로워집니다. 그리고 지금은 이해할 수 없지만 언젠가는 이해할 수 있을 거라는 자신감이 생기게 되죠. 어려운 문제에 도전하는 자신감은 굉장히 중요합니다. 현재 내 수준보다 조금 더 어려운 문제들에 반복해서 도전해야 나를 성장시킬 수 있기 때문입니다.

이 부분은 세계적인 교육학자 레프 비고츠키가 주장한 현재의 발달 수준과 잠재적 발달 수준 사이인 근접발달영역 (ZPD:Zone of Proximal Development)에 있는 문제들을 접해야만 성장 가능성이 커진다는 것과 연결되는 부분이기도 하고요.

과연 이해에 집중하는 것이 효과가 있는지 확인해보기 위해 저는 우리 반 아이들에게 진정한 이해가 중요하다는 것을 매시간 강조했습니다. 그러다 한 학기 정도 지나고 학생들과 이야기를 나누다 한 가지 흥미로운 점을 발견했습니다. 이해에 집중하는 아이들은 어떤 문제를 틀렸을 때 다음과 같이 생각했습니다.

"내가 이 문제를 틀린 이유는 이해하지 못했기 때문이다.
내 능력이 부족해 모르는 게 아니기 때문에
나중에 이해하게 된다면 충분히 맞힐 수 있을 것이다."

아이와 함께 수학을 공부할 때 이해에 집중하는 교수 학습법을 사용하게 되면, 아이들은 이해는 노력을 통해 극복할 수 있는 것이라는 믿음, 다시 말해 '성장 마인드셋'을 지니게 됩니다.

꼭 기억해주세요. 문제 풀이에 집중하는 것보다 중요한 건 수학의 원리를 깊이 있게 이해하는 것이라는 사실을.

수학의 눈으로
세상을 바라보는 법

크림 파스타에 들어 있는 브로콜리와 화가 잭슨 폴록의 그림 속에서 프랙탈(Fractal) 구조를, 빗방울에서 기하학을, 체스판에서 등비수열을, 비둘기 집에서 조합을 떠올리는 이가 있습니다. 바로 수학을 사랑하는 작가 라파엘 로젠(Raphael Rosen)입니다. 그는 우리 생활 주변에 수학적 개념이 넘쳐흐른다고 말합니다. 그림 속에도, 길가에도, 뉴스에도, 운동장에도, 음악 속에도 수학이 녹아 있지만 다만 우리가 그것을 눈치 채지 못하고 있다는 것이죠. 정말로 수학은 우리 주변 모든 곳에 있는 것일까요?

수학의 눈으로 세상을 바라보기

개정 초등학교 수학과 교육과정에서는 수학이라는 교과의 목표를 다음과 같이 제시하고 있습니다.

> ### 초등학교 목표
>
> 가. 생활 주변 현상을 수학적으로 관찰하고 표현하는 경험을 통하여 수학의 기초적인 개념, 원리, 법칙을 이해하고 수학의 기능을 습득한다.
> 나. 수학적으로 추론하고 의사소통하며, 창의·융합적 사고와 정보 처리 능력을 바탕으로 생활 주변 현상을 수학적으로 이해하고 문제를 합리적이고 창의적으로 해결한다.

생활 주변 현상을 수학적으로 관찰하고 표현하고 이해하여 수학의 기능을 습득하는 것. 이게 바로 초등학교 학생들이 지향해야 할 초등 수학 교육의 목표입니다. 책상에 앉아 문제집을 많이 푼다고 수학을 잘하게 되는 것은 아닙니다. 오히려 라파엘 로젠처럼 세상을 수학의 눈으로 바라보고 수학을 깊게 탐구해야 합니다. 우리 주변의 현상들을 수학의 눈으로 해킹하는 것, 그게 바로 수학을 잘할 수 있는 비법입니다.

다음은 한국환경공단 홈페이지에서 열람할 수 있는 자료를 각색한 것입니다. 내용을 잘 읽어보며 이 속에 어떤 수학적 개념이 담겨 있는지 생각해보세요.

빈용기 보증금 제도

빈용기(반복해서 사용할 수 있는 유리 용기)를 되돌려주는 사람에게 빈용기 보증금을 돌려주는 제도.

규격	빈용기 보증금액
190ml미만	70원/개
190ml이상 400ml미만	100원/개
400ml이상 1천ml미만	130원/개
1천ml이상	350원/개

2017년 400㎖이상 1천㎖미만 빈용기 보증금액은 50원에서 130원으로 인상되었습니다. 인상률로 치자면 ☐% 인상한 것인데요. 빈용기보증금액의 인상으로 시민들이 용기를 회수하거나 재사용하는 문화가 확산되길 바랍니다.

출처 : 한국환경공단(2021) 빈용기 보증금 제도

만약 위의 내용을 수학책에서 다루게 된다면 어떤 단원에 등장할 것 같나요? 인상률을 구하는 문제이기 때문에 비와 비율 단원에서 다루기 좋은 소재입니다. 실제 국정 수학 교과서 도전 수학에 등장하는 내용이기도 하고요.

물건값, 임금 등이 오른 비율을 뜻하는 인상률은 생활 속에서 너무도 자주 사용되는 개념입니다. 물가상승률, 전기요금인상률, 임대료인상률 등 성인이 되어서는 누구나 알아야 하는 기본 중의 기본이죠. 수학의 눈으로 세상을 바라본다는 것은 이 같은 정보를 보았을 때 "아, 이거 생각해보니 수학 문제네!"라는 생각을 떠올리는 것입니다.

한 가지 사례를 더 들어보겠습니다. 이 사례는 달리기경기를 할 때 어느 쪽에 위치한 선수가 얼마만큼 앞서 출발해야 하는지와 관련된 문제입니다. TV에서 올림픽을 볼 때 한 번쯤 생각해본 주제죠? 초등학교 수학 교과서에는 이런 생활 속 주제와 관련된 문제들이 많습니다. 실제 문제를 함께 보겠습니다.

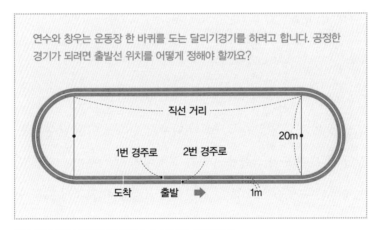

출처 : 2015 개정 교육과정 초등학교 6-2 수학 104~105쪽 변형

"아빠, 엄마, 저 선수는 왜 앞에서 뛰는 거예요?", "제일 앞에서 뛰는 사람한테 너무 유리한 거 아니에요?"라는 질문 들어보셨죠? 실제 육상 선수들의 출발선은 경주로마다 다릅니다. 바깥쪽에 있는 선수일수록 더 앞에서 달리죠. 1번 경주로에서 한 바퀴를 달리는 것보다 2번 경주로에서 한 바퀴를 달리는 거리가 더 길기 때문이죠.

우리가 의식하지 못하고 넘겨왔던 이 육상 경기 속에는 어떤 수학적 개념과 원리가 숨겨져 있을까요? 바로 원의 둘레와 관련된 내용입니다.

2번 경주로의 선수가 얼마나 앞에서 출발해야 하는지를 알기 위해서는 지름이 22m인 원과 20m인 원의 둘레를 구해야만 합니다. 원주율을 3.14로 계산했을 때 1번 경주로의 곡선 구간의 거리는 20×3.14=62.8(m)입니다. 2번 경주로의 곡선 구간의 거리는 22×3.14=69.08(m)입니다. 둘의 차가 69.08-62.8=6.28(m)이므로 2번 경주로에서 출발하는 선수가 약6.28(m) 앞에서 출발해야 합니다.

어때요? 공정한 스포츠 경기를 만들기 위해 원의 둘레를 구하는 방법을 알고 있어야 한다는 사실이 놀랍지 않나요? 그래서 이 모든 것을 간파한 라파엘 로젠이 수학은 우리가 살아가는 세상에서 발견할 수 있는 속성이라고 말했나 봅니다.

일상생활의 문제를 수학적으로 해결하기

　수학을 좋아하지 않는 대부분 학생은 수학을 문제 풀이로 생각합니다. 책상에 앉아 공식을 외워 수를 대입하는 일종의 정신노동이라고 생각하죠. 정신노동을 좋아하는 초등학생이 있을까요? 수학을 이런 관점으로 대해서는 흥미가 생기기 어렵습니다. 당연히 학습 효율성도 떨어질 수밖에 없겠죠.

　수학을 대하는 마음가짐이 변해야 합니다. 일상생활에서 궁금하게 여겨온 문제들을 해결할 때 사용하는 도구가 수학이라고 생각해야 합니다. 이처럼 생활에서 마주하는 문제들을 수학화한 다음, 이를 해결하는 것. 이게 바로 초등 수학 교육에서 이루고자 하는 목표입니다.

　앞에서 예로 들었던 인상률에 대한 이야기를 해보겠습니다. 초등학교 5학년은 실과 교과에서 '나의 생활 관리'라는 주제로 용돈을 관리하는 방법을 배우게 됩니다. 우리 반 학생들에게 물어보니 정기적으로 용돈을 받는 학생이 70% 정도 되더라고요.

일주일에 5천 원에서부터 한 달에 5만 원, 10만 원까지 다양했습니다.

우리 아이가 일상생활의 문제를 수학적으로 해결하게 만들려면 이렇게 하면 됩니다.

"지난달까지 한 달에 5만원씩 용돈을 줬었지? 이번 달부터는 1만원을 올려서 6만원씩 줄게. 대신 조건이 있어. 네 용돈 인상률이 얼마인지를 백분율로 설명해줘야 해. 만약, 정말 이해하기 쉽게 설명한다면 인상률을 10% 올려줄 수도 있어."

어떤가요? 아이가 당장 달려가서 수학책을 펴고 인상률을 구하려고 하지 않을까요? 이렇게 피부에 와 닿게 배워야만 수학을 공부해야 하는 이유를 깨달을 수 있습니다. 이 문제는 수학 문제가 아니라 내 삶의 문제이기 때문입니다. 어떤 교과의 내용이든 나의 문제, 내 삶의 문제로 받아들여야만 '진짜로' 몰입할 수 있습니다.

수학적으로 고민해볼 수 있는 일상생활의 문제는 그밖에도 많습니다.

'축구공은 왜 오각형과 육각형만으로 만들어진 거지?'
'어떻게 하면 케이크를 공평하게 나누어 먹을 수 있을까?'

'맨홀 뚜껑은 왜 사각형이나 삼각형이 아닌 원으로 만들어진 걸까?'

'피자를 먹을 때 토핑이 쏟아지지 않게 먹으려면 어떻게 해야 할까?'

'공연장의 저렴한 좌석 중 무대가 가장 잘 보이는 위치는 어디일까?'

우리 주변의 곳곳에 숨겨져 있는 수학적 개념을 발견하려는 마음가짐이 생긴다면 수학 공부를 시키지 않아도 찾아서 하게 될 겁니다. 이게 바로 수학을 잘할 수 있는 가장 좋은 방법입니다. 수학은 시험을 위한 수단이 아니라 우리들의 삶을 좀 더 잘 이해하기 위한 하나의 도구이기 때문입니다. 우리 주변의 현상을 수학의 눈으로 해킹하는 것, 이걸 시작하게 되면 수학은 재미있는 과목이 됩니다.

수학 잘하는
아이의 공간은 이렇습니다

교육과 관련된 분야에 종사하는 분들과 교육 컨퍼런스에 참여했을 때 겪었던 일입니다. 한 현직 초등교사가 이렇게 질문했습니다.

"수학 잘하는 아이들이 있는 집은 다른 집들과 어떤 게 다를까요? 만약 그 공통점을 뽑아낼 수 있다면 우리 아이도 수포자가 아닌 수학 잘하는 아이, 수학 천재로 키울 수 있지 않을까요?"

질문이 끝나자마자 자리에 앉아 있던 분들이 입을 열기 시작했습니다.

"가정의 분위기가 더 화목하다."

"부모가 수학 박사면 자동으로 잘할 수 있다."

"부모가 평소에 수학과 관련된 이야기를 자주 하고 아이들의 이야기를 들어주는 게 좋다."

"다른 건 다 필요 없고 할아버지의 재력이 제일 중요하다."

이렇게 다양한 대답이 오고 갔습니다. 그런데 그날 들었던 답변 중 제 뇌리에 박힌 것은 바로 이 대답이었습니다.

"그 집 아이가 수학을 잘하는지, 못하는지는 거실만 보면 알죠."

그 순간 이마를 탁치며 '아하!'라는 감탄사가 튀어나왔습니다. 진정으로 공감했기 때문입니다. 정확히 본질을 꿰뚫어보는 분이라는 생각이 들었습니다. 거실이라는 공간은 가정환경의 모든 것이 담겨 있는 장소입니다. 굳이 아이의 수학 실력과 연결하여 생각하지 않더라도 가정 내에 어떤 문화가 있는지를 알아보는 가장 간단한 방법은 거실을 보는 것입니다.

그 집의 주인이 어떤 취향을 가지고 있는지는 거실 한 곳만 봐도 알 수 있다는 말은 과언이 아닙니다. 초고화질을 자랑하는 최신형 8K QLED 85인치 TV와 독일 프리미엄 소파 브랜드 핸슨의 리클라이너 소파, 세계적인 오디오 회사 뱅앤올룹슨(B&O)

의 스피커가 설치되어 있는 거실의 주인은 어떤 취미를 가지고 있을까요? 글렌피딕, 글렌리벳, 맥캘란, 아드벡과 같은 싱글 몰트 위스키가 가득 채워져 있는 진열장의 주인은 금요일 저녁을 어떻게 보낼까요?

최신형 TV 스피커, 분위기 있는 싱글 몰트 위스키는 없지만 다양한 분야의 책이 빼곡하게 차 있는 책장으로 둘러싸인 거실, 나의 생각을 글과 그림으로 설명할 수 있는 커다란 화이트보드가 있는 거실을 가진 가정에서는 일요일 아침 어떤 일이 일어날까요?

거실을 가득 채우는 기다란 테이블이 놓여 있는 집 안에서는 가족들이 모여 무엇을 할까요? 거실 속에는 가정의 문화가 담겨 있습니다. 그리고 그 거실 속에는 우리 아이가 수학 잘하는 아이가 될 수 있는 비밀이 숨겨져 있습니다.

공간이 사람을 바꾼다

신경과학자이자 디자인 컨설턴트인 콜린 엘러드(Colin Ellard)가 쓴 《공간이 사람을 움직인다(원제: Places of the Heart)》[25]라는 책의 제목처럼 공간은 사람을 움직입니다. 한 걸음 더 나아가 보겠습니다. 공간은 사람을 움직이는 것을 넘어 사람을 만듭니다. 특히 활발하게 성장해가는 아이들에게 공간은 정말 중요합니다. 공간 속에서 어떤 물건을 만지고, 어떤 물건을 보고, 어떤 소리를 듣느냐가 아이의 사고방식과 태도를 결정짓기 때문입니다. 그렇기 때문에 아이들이 많은 시간을 머무는 공간을 교육적인 공간, 지적 자극을 주는 공간으로 바꿔야 합니다.

그렇다면 아이들이 하루 동안 집에서 가장 많은 시간을 보내는 공간이 어디일까요? 바로 거실입니다. 그래서 거실을 어떻게 구성하느냐가 아이들의 학습 습관을 형성하는 데 큰 영향을 미칩니다. 그런 점에서 집안 인테리어를 '친환경'이 아닌 '친학습', '친국어', '친수학'에 어울리는 느낌으로 구성하는 건 어떨까요?

앞서 언급한 것처럼 문해력은 국어라는 교과에 한정되는 개념이 아닙니다. 수학 문제를 읽고 이해하고 풀이하려면 탄탄한 문해력이 뒷받침되어야 합니다. 그런데 최근 연구 결과에 따르면 책이 많은 집에 살고 있는 아이일수록 문해력이 높다고 합니다.

2018년 호주 국립대 사회학과의 시코라(Sikora, Joanna)와 미국 네바다대 응용통계학과의 에반스(Evans M.D.R.) 교수 공동 연구진은 31개국 성인 남녀 16만 명을 대상으로 실시한 OECD 국제

성인역량조사(PIAAC)의 언어 능력 데이터를 분석하여 다음과 같은 연구 결과를 발표했습니다.[26]

"어린 시절에 책이 많은 집에서 자라면
성인이 되었을 때 더 뛰어난 문해력을 가질 수 있다."[27]

한 편으로는 당연하면서도 다른 한 편으로 놀라운 결과가 아닌가요? '책을 많이 읽은 학생이 문해력이 좋다'는 게 아니라 '책을 많이 가지고 있는 집안의 학생이 문해력이 좋다'는 결과니까요. 이 말은 바꿔서 말하면 책을 집에 가득 쌓아놓기만 해도, 책꽂이에 많이 꽂아두기만 해도 아이들이 글을 읽고 쓰고 이해하는 능력인 문해력이 높아진다는 것입니다.

실제로 책이 거의 없는 환경에서 유년 시절을 보낸 성인들은 평균 이하의 문해력을 나타냈다고 합니다. 이 데이터대로라면 이제 우리는 온라인 서점에서 당장 책을 주문해서 거실에 쌓아놓을 일만 남았습니다.

거실을 수학을 위한 공간으로 만들기

수학 잘하는 아이가 되기 위해서는 거실 가득 책을 쌓아놓는 것과 더불어 거실을 수학 공부를 위한 공간으로 만들어야 합니다. 사회 전반에서 널리 활용되고 있는 '넛지 효과(Nudge effect)'를 이해하면 거실을 수학을 위한 공간으로 바꿔야 한다는 말에 공감하게 될 거예요.

넛지(Nudge)는 '팔꿈치로 슬쩍 찌르다', '주의를 환기시키다'라는 뜻을 가진 영어 단어입니다. 직역해보자면 넛지 효과란 '팔꿈치로 슬쩍 찌르는 효과'입니다. 팔꿈치로 슬쩍 찔러 은근히 암시를 주는 것처럼 누군가에게 명령이나 지시를 하지 않고도 타인을 행동하게 만드는 것이 넛지 효과입니다.

부모들은 보통 자녀에게 원하는 게 있으면 직접적으로 지시합니다.

"TV 그만 보고 이제 책 좀 볼래?"
"오늘 많이 놀았으니까 이제 공부 좀 해야지?"

이건 팔꿈치로 슬쩍 찌르는 게 아니라 팔을 잡아다 확 끄는 것이라고 할 수 있겠죠? 넛지 효과는 다릅니다. 굳이 명령하지 않아도 행동하게 만들 수 있습니다. "밥을 조금 먹어야지!"라고 말하는 게 아니라 조금 작은 용기에 밥을 담는 것, "하루에 한 알씩 비타민을 먹어야 해!"가 아니라 잘 보이는 곳에 비타민을 놓아두는 것. 이게 바로 넛지 효과를 사용하는 예입니다. 어때요? 개념 자체가 어렵지는 않죠?

그렇다면 수학 학습과 관련해서는 넛지 효과를 어떻게 적용할 수 있을까요? 우리 아이가 수학에 흥미를 가질 수 있도록 거실을 수학 문제를 풀고 내가 푼 문제를 설명하는 공간, 수학 토론을 하는 공간으로 만드는 게 넛지 효과를 사용하는 방법입니다.

가족들 사이에서 거실이 수학을 위한 공간이라는 의식이 생기면 굳이 "수학 공부 좀 해!", "스마트폰 게임을 세 시간이나 했어? 적당히 좀 할래?"라고 아이들의 행동을 통제하지 않아도 괜찮습니다. 이미 잠재의식 속에서 거실이라는 공간에 '수학을 공부하는 곳'이라는 의미를 부여했기 때문에 이곳에서는 자연스럽게 책을 펼치게 될 테니까요. 이게 바로 자발적으로 우리가 의도한 행동을 하게 만드는 넛지 효과입니다.

그러면 어떻게 하면 거실을 수학을 위한 공간으로 만들 수 있을까요? 간단합니다. 서재처럼 만드는 겁니다. 우선 방 안에 있는 책장을 거실로 꺼내보세요. 그 다음, 수학과 관련된 다양한 책을 눈에 잘 띄는 곳에 놓아두세요. 수학과 관련된 영화, 그림, 포스터 등을 한 벽면에 붙여보세요. 다른 벽면에는 떠오르는 생각을 자유롭게 쓸 수 있는 화이트보드를 붙여보세요. 우리 집 거실이 이렇게 변한다면, 다른 집들과 다를 바 없던 평범한 거실이 수학에 대한 학습 욕구를 불어넣고 창의적인 지적 자극을 주는 특별한 공간이 될 겁니다.

지금은 종영되었지만 SBS의 인기프로그램이었던 영재 발굴단에 출연한 수학 영재들이 살고 있는 거실에 수학과 관련된 책들이 빼곡하게 꽂혀 있었던 것은 결코 우연이 아닙니다. 저는 그 아이들의 부모가 넛지 효과의 가치를 알았기 때문에, 공간의 힘을 알고 있었기 때문에 그런 거실이 만들어졌다고 생각합니다.

우리 아이가 수학 잘하는 아이가 되길 바라나요? 그렇다면 거실을 어떻게 바꾸고 어떻게 활용할지를 고민해 보세요.

"아는 건데 실수로 틀렸어요"에
대처하는 법

"아~ 실수로 틀렸네."

간단한 퀴즈를 내보겠습니다. 국어, 영어, 수학, 사회, 과학 중 "아~ 실수로 틀렸네"라는 말이 가장 많이 나오는 과목은 무엇일까요? 예상대로 수학입니다. 다른 과목에서도 실수를 안 하는 게 아닐 텐데 왜 유독 수학 문제를 풀고 나서 이 말을 많이 하는 걸까요?

실수도 실력이야!

문제를 잘못 읽거나, 수학적 개념이 흔들리거나, 답으로 2가 나왔는데 그냥 보기 2번을 선택해버리거나, 곱해야 하는 것을 더해버리거나, 숫자를 착각하거나. 문제를 풀 때 감히 실수의 '향연'이라고 해도 될 정도로 실수가 잦은 것이 수학입니다.

어찌 보면 배움에 있어서 실수는 필수적일지도 모릅니다. 실수해서 틀려보아야 배울 수 있으니까요. 하지만 학생들의 실수를 마주하는 교사와 부모는 언제나 불안합니다. 실수가 반복돼서 우리 아이가 수학 자신감이 떨어지지는 않을지 걱정되기 때문이죠.

그래서 이렇게 으름장을 놓습니다.

"아는 건데 실수로 틀렸어? 실수도 실력이야."

"이번 시험에서는 실수하지 말고 제대로 실력 발휘하고 와!"

"선생님은 너희들이 문제를 꼼꼼하게 읽어내서 실수하지 않으면 좋겠어."

물론 단 하나의 실수도 없이 완벽하게 문제를 풀어낸다면 더

할 나위 없이 좋을 거예요. 하지만 그런 장면은 '트리플 악셀'을 하는 김연아 선수의 피겨스케이팅에서나 볼 수 있습니다. 우리 아이의 평가지에서는 언제나 실수가 나옵니다. 그렇기 때문에 의도와는 달리 실수를 줄이라고 으름장을 놓는 교사와 부모의 노력이 오히려 학생들의 실수에 대한 두려움을 키워버릴지도 모릅니다. "실수하지 마!"라는 당부가 머릿속에 맴돌면서 아이들이 실수를 반복하게 되는 뫼비우스 띠 속에 갇혀버리게 될 수도 있습니다.

실수하는 이유는 다양하지만, 실수하는 지점은 비슷합니다. 아이들이 혼동할 만한 부분은 정해져 있거든요. 아이들은 어떤 부분에서 자주 실수할까요?

초등 수학에서 학생들이 자주 실수하는 내용은?

초등학교 3학년부터 6학년까지의 교과서 내용을 훑어보며 학생들이 학년별로 자주 실수하는 수학 개념을 모아봤습니다. 초등학교에서 검정 교과서를 사용하고 있기 때문에 학교마다 교과서가 다른 부분은 어떡하냐고요? 걱정할 필요 없습니다. 교과서 종류가 수백 권이라 해도 그 교과서를 만들게 되는 기준은 교육과정 성취기준이니까요. 아래 내용은 성취기준을 기준으로 추출한 내용이기 때문에 교과서가 다르더라도 공통으로 중요한 내용입니다.

3학년

- (세 자리 수 + 세 자리 수)의 계산에서 받아 올림을 빠뜨리는 실수
- (세 자리 수 - 세 자리 수)의 계산에서 받아 내림을 빠뜨리는 실수
- 직사각형과 정사각형을 혼동하는 실수
- 세로셈에서 자리 값의 위치를 혼동하는 실수
- 시간의 덧셈과 뺄셈에서 시는 시끼리, 분은 분끼리 계산한다는 것을 망각하는 실수
- 컴퍼스를 활용해 원을 그릴 때 반지름의 크기가 변해버리는 실수
- 들이의 덧셈과 뺄셈에서 L와 ml를 섞어서 계산해버리는 실수
- 무게의 덧셈과 뺄셈에서 kg와 g을 섞어서 계산해버리는

실수

4학년

• 각을 그릴 때 각도기의 중심에 점을 잘못 맞추는 실수

• (세 자리 수÷두 자리 수)에서 자리 값의 위치를 혼동하는 실수

• 수직과 평행의 개념을 혼동하는 실수

• 사다리꼴과 평행사변형, 마름모를 혼동하는 실수

5학년

• 자연수의 혼합 계산에서 괄호 안을 먼저 풀지 않고 순서대로 풀이해버리는 실수

• 자연수의 혼합 계산에서 ×, ÷을 먼저 계산하지 않고 순서대로 풀이해버리는 실수

• 약수, 배수의 용어를 혼동하여 약수를 구하라는 문제에 배수를 구해버리는 실수

• 최대, 최소공배수의 용어를 혼동해 최소공배수를 구할 곳에 최대공약수를 구하는 실수

• 약분과 통분의 용어를 혼동하여 약분해야 하는 상황에서

통분해버리는 실수

- 평행사변형, 마름모, 사다리꼴의 넓이 구하는 공식을 혼동하는 실수
- 선대칭도형과 점대칭도형을 혼동하는 실수
- 소수끼리의 곱셈에서 소수점 자리 이동을 빠뜨리는 실수

6학년

- 소수의 나눗셈에서 소수점 자리 이동을 혼동하는 실수
- 비, 비율, 백분율의 개념을 제대로 알지 못해 비율을 묻는 문제에 백분율을 적는 실수
- 문제를 잘못 읽어 직육면체의 겉넓이를 구하는 문제에 부피를 적는 실수
- 원주와 지름을 구분하지 못해 원의 넓이를 잘못 구하는 실수

만약 해당하는 부분에서 실수한 적이 없다면 우수한 수학 점수를 받았거나 받고 있을 가능성이 큽니다. 반대로 이 같은 실수를 반복적으로 하고 있다면 어떻게 해야 할까요? "이 부분에서 다른 아이들도 실수를 많이 한다고 하니까, 항상 긴장하면서 문제 풀자"라고 말하면 될까요? 그러면 오히려 더 긴장해서 더 많

은 실수를 하게 될 수 있습니다.

실수는 배움의 기회다

실수를 바라보는 관점을 바꿔야 합니다. 실수는 조심하지 못해서, 나도 모르게 잘못해버린 오점이 아닙니다. 실수는 배움의 기회입니다. 교육학자들의 연구에 따르면 실수를 좋은 것으로 대하는 선생님과 부모의 태도가 아이들이 배움을 지속하는 데 긍정적인 영향을 미친다고 합니다.

만약, 자녀가 계산 실수를 자주 한다고 가정해보겠습니다. 실수가 잦은 아이에게 어떻게 이야기해주고 싶은가요? 어떻게 하면 아이가 계산 실수를 줄일 수 있게 도움을 줄 수 있을까요? "엄마가 계산할 때는 정신 똑바로 차려야 한다고 했어, 안 했어?"라고 말씀할 건가요? "계산 실수 한 번 할 때마다 세 문제씩 더 풀어야 하는 거 알지?"라고 말씀할 건가요?

이 두 가지 예시는 실수를 잘못한 것으로 느끼게 만드는 피드백 방법입니다. 혼나기 싫어서, 수학 문제를 더 풀기 싫어서 즉각적인 효과는 나타날 수 있지만, 장기적으로는 바람직하지 못한 대응 방법입니다. 실수를 바라보는 관점이 바뀌지 않았으니까요.

실수를 잘못이 아니라 기회로 생각해야 합니다. 같은 현상을 바라보더라도 어떤 관점으로 생각하느냐에 따라 전혀 다르게 받아들 수 있다는 거 아시죠? 실수를 바라보는 관점도 마찬가지입니다.

계산 실수를 한 학생들에게 이렇게 이야기해보는 것은 어떨까요?

"어떤 부분에서 실수한 것 같아? 잘됐네! 이번 기회를 통해서 그렇게 계산하면 틀린다는 걸 확실히 알게 됐잖아. 실수는 기회야."

"민찬이가 실수한 것을 빨간색으로 표시해놓으면 좋겠다. 그리고 웃는 얼굴을 그려봐! 실수를 찾았다는 것은 기쁜 일이니까."

"여러 가지 실수를 해본 사람만이 진정한 수학 고수가 될 수 있어."

"계산 실수는 더 높은 수학 실력을 갖추기 위한 준비 과정이야."

"실수를 조금도 두려워하지 않는 자만이 언제나 큰 성취를 이뤄왔다"는 로버트 케네디의 명언이나 "성공의 비결을 알고 싶은가? 간단하다. 실수를 두 번 더 해봐라!"라는 IBM의 창업자 토마스 왓슨의 명언 속에 수학 실력을 높일 수 있는 해법이 있습니다. 이들은 모두 실수를 배움의 기회로 여겼던 긍정적인 마음가짐의 소유자였습니다.

잠깐 책을 덮고 생각해보세요. 우리 아이가 20개의 수학 문제를 풀어 2~3문제를 실수했다고 할 때, 계산 실수를 줄이지 못한 게 학습에 있어 정말 중요한 일일까요? 사람에 따라 다를 수 있지만 저는 그다지 중요하지 않다고 생각합니다. 진정으로 중요한 것은 오늘 했던 이 경험을 통해 앞으로 어떻게 배워가야 할지, 배움에 흥미를 느끼며 계속 배워갈 수 있는 동력을 만들어줄 수 있는지가 아닐까요? 공부란 게 하루 이틀 하고 끝나는 게 아니라 평생 해야 하는 것이기 때문입니다.

자, 정리해보겠습니다. 실수는 잘못이 아니라 실력을 높일 소중한 기회입니다. 실수가 있어야만 제대로 배울 수 있습니다.

수학 일기로
성찰 습관 만들기

"수학과 관련된 책인데 수학책이 아닌 것 같은 책 한 권 추천해주실 수 있나요?"

학부모 상담 중, 학부모 한 분이 저에게 주셨던 질문입니다. 참 어렵죠? 수학과 관련된 내용인데 수학 느낌이 안 나야 한다니. 그런데 제가 마침 그때 이 아이러니한 질문에 딱 맞는 책을 읽고 있었습니다. 프랑스 보르도 대학의 교수인 알렉산더 즈본킨의 자전적인 이야기를 담은 《내 아이와 함께한 수학 일기》[28]라는 책이었죠.

이 책은 저자인 알렉산더 즈본킨이 러시아에서 석유 산업 연구원으로 재직하던 당시, 자신의 아들인 지마와 지마의 친구들과 함께 2년 동안 수학 공부했던 내용을 담은 책입니다. '석유 산업 연구원이 수학을?'이라고 생각할 수 있지만, 저자인 알렉산더 즈본킨은 수학 영재들의 학교로 유명한 모스크바 국립대학 산하의 콜모고로프 수학 물리 고등학교와 모스크바 국립대학 수학부를 졸업한 수학 전공자입니다.

수학 전공자나 수학 교수들은 자녀에게 어떻게 수학을 가르치는지 궁금해하셨다면 관심을 가질 만한 이야기죠? 이 책은 수학에 관한 이야기가 중심이긴 합니다. 그런데 형식은 일기 형식이니 저에게 질문하셨던 학부모께서 원하셨던 바로 그 느낌의 책이 맞는 것 같죠? 실제로 이 책은 대화 형식으로 진행되는 부분이 많아서 일기를 읽는 것처럼 술술 잘 읽힙니다.

반성적 사고의 도구, 수학 일기

알렉산더 즈본킨과 저의 수학 실력은 비슷하지 않지만, 수학에 관한 생각은 비슷한 부분이 많았습니다. 수학을 '연산을 반복해야 하는 복잡한 공부'가 아니라 '재미있는 놀이'로 생각해야 한다는 것, '수학 지식을 어떻게 많이 가르쳐줄 수 있을까'보다 '수학을 재밌게 여기고 즐길 수 있는 방법'에 대해 고민하는 데 시간을 쓰는 것, 수학이라는 소재를 가지고 이야기 나누고 고민하고 함께 질문해보는 시간이 수학에 대한 긍정적인 이미지를 만들어주는 데 중요한 역할을 한다고 생각하는 점 등이 비슷했습니다.

그런데 제가 이 책을 읽고 떠올리게 된 가장 중요한 아이디어는 수학을 가지고 일기를 쓴다는 것이었습니다. 보통 일기라고하면 그날 있었던 일이나 가장 기억에 남는 일을 나의 생각을 담아 글로 풀어쓴 것을 말합니다. 이런 일기의 보편적 개념을 수학이라는 학문으로 확장했다는 게 인상적이었습니다. 그래서 저는 그때부터 학생들과 함께 수학 일기 쓰기를 시작했습니다.

일단 수학 일기를 쓰는 방법과 사례를 이야기하기 전에 수학일기의 장점을 간단히 소개해볼까 합니다. 요즘에는 일기 쓰기를 지도하는 선생님이 많지 않지만, 저의 초등학교 시절을 떠올려보면 거의 모든 반에 일기 숙제가 있었습니다. 보통은 일주일에 세 편, 어떤 반은 월요일부터 금요일까지 매일 쓰는 반도 있었죠. 그날 쓴 일기의 아랫부분에는 선생님의 코멘트가 붙었고요. 그 시절, 그 감성, 다들 아시죠? 지금도 그렇지만 그 시절에는 일기를 참 중요하게 생각했습니다. 왜 그랬을까요? 일기를 쓰면서 나의 하루를 되돌아볼 수 있기 때문입니다.

일기를 써봤다면 알겠지만 일기를 쓰려고 책상에 앉으면 일단 생각이 안 납니다. 그래서 아침부터 저녁까지 무슨 일이 있었는지, 어디에 갔었는지를 떠올려보게 되죠. 나의 하루를 되풀이해서 음미해보는 거예요. 이러한 과정을 한자로는 반추(反芻)라고 합니다. 일기 쓰기는 나의 하루를 반추해보는 기회를 준다는 점에서 아주 중요한 역할을 합니다. 일기를 쓰지 않는다면 반추의 과정 없이 하루하루를 보내게 되니까요.

교육학자들 사이에서 가장 많이 인용되는 철학자 중 한 사람인 존 듀이는 다음과 같은 말을 남겼습니다.

"우리는 경험으로부터 배우지 않는다. 경험의 성찰로부터 배운다."[29]

듀이가 말한 성찰이 제가 앞서 말한 반추입니다. 사람들은 반추의 과정을 통해 배웁니다. 이런 반추의 과정을 만들어주는 것이 일기이고요. 그래서 철학자와 교육학자들이 반성적 사고를 도와주는 일기 쓰기를 중요하게 여기는 것입니다.

수학 일기가 중요한 이유도 똑같습니다. 수학 일기를 쓰면서 내가 배운 수학 지식이나 그때 느꼈던 생각, 감정들을 음미해볼 수 있습니다. 무엇을 배웠는지, 무엇을 공부했는지, 그 과정에서 내가 어떤 생각을 하고 어떤 감정을 느꼈는지를 적어보면 이와 관련된 내용이나 감정을 오래도록 기억할 수 있습니다.

일기를 쓰면 부정적인 감정들이 정화된다고 합니다. 수학 일기도 비슷합니다. 수학 일기를 쓰면 수학에 대한 긍정적인 감정, 부정적인 감정들을 밖으로 꺼내게 됩니다. 이렇게 자유롭게 자신의 느낌과 기분을 밖으로 꺼내보면 자연스럽게 수학에 대한 부정적인 마음이 정화되는 느낌을 받게 되지 않을까요?

수학 일기, 어떻게 써야 할까?

수학 전문가들은 초등학생들에게 수학을 지도할 때 다음과 같은 사항을 유념해야 한다고 입을 모아 강조합니다. 첫 번째, 학생들의 특성과 발달 단계를 고려하여 지도해야 한다는 것. 두 번째, 학생들이 신체적, 정신적 활동을 통해 능동적으로 참여하도록 만들어야 한다는 것. 세 번째, 학생들이 수학을 이용해 대화하고 자신의 생각을 써서 의사소통하는 과정을 포함하여 지도해야 한다는 것. 수학 일기는 전문가들이 말하는 세 번째 항목인 수학적 의사소통과 관련된 방법입니다.

이렇듯 여러모로 장점이 많은 수학 일기는 어떻게 쓰는 게 좋을까요? 수학을 공부할 때 기억해야 하는 것과 일반적인 일기 쓰기에 들어가면 좋을 요소들, 학습 과정에서 느끼는 감정들에 관한 생각 등을 결합하여 수학 일기에 들어가면 좋을 내용을 정리해봤습니다.

수학 일기에 들어가야 하는 내용

하나, 오늘 새롭게 알게 된 내용은?
둘, 배우긴 했지만 솔직하게 이해하기 어려운 내용은?
셋, 오늘 내용을 배우다가 떠오른 예전에 배운 내용은?
넷, 오늘 배운 내용 중 궁금한 점은?
다섯, 오늘 배운 내용 중 친구에게 자신 있게 설명해줄 수 있는 내용은?
여섯, 오늘 배운 내용 외에 더 알고 싶은 점은?
일곱, 오늘 배운 내용과 관련해 내가 만든 문제는?
여덟, 오늘 배운 내용과 관련되는 나의 경험은?
아홉, 여섯, 오늘 수학 공부를 하면서 느낀 점은?
열, 그 밖에 내가 하고 싶은 이야기는?

교실에서 수학 일기 쓰기를 처음 도입하게 되면 아이들은 이렇게 묻습니다.

"선생님, 이거 열 가지 다 적어야 해요?"

제가 제시한 수학 일기에 들어가야 하는 내용은 일종의 예시입니다. 허심탄회하게 자신의 생각을 일기처럼 서술해가면 좋겠지만, 그게 어려운 학생들에게 주는 일종의 나침반입니다. '수학 일기에 무엇을 적어야 하지?'라는 생각이 들 때 글의 물꼬를 터줄 수 있는 게 이 열 가지 질문일 뿐입니다.

자, 그럼 실제 초등학교 아이들은 수학 일기를 어떻게 적는지 아이들의 글을 살펴볼까요?

> 오늘은 이번 단원에서 배운 내용을 정리하는 시간을 가졌다. 문제를 풀며 헷갈리는 부분도 조금 있었지만, 영상을 보면서 문제를 풀어보니 이해가 잘 되었다. 또 이 내용을 학원에서 배워서 그런지 다른 친구들에 비해 조금 더 빨리 풀 수 있었던 것 같다. 그런데 오늘 문제들을 풀다 보니 전에 학원에서 분수의 곱셈을 처음 배울 때 어려워서 헤맸던 때가 생각났다. 나중에는 분수의 곱셈과 관련된 문제를 내서 친구들에게 풀어보게 하고 싶다.
>
> — ○○초등학교 5학년 강○○

내가 배운 내용 중에 친구들에게 자신 있게 설명해줄 수 있는 것은 대분수를 가분수로 고치고 약분할 수 있는지 알아보는 것이다. 방법은 간단하다. 분수를 딱 보고 약분이 될 것 같으면 약분을 해주고, 약분이 안 될 것 같으면 그냥 곱셈하면 된다. ○○에게 이 방법으로 설명해줬더니 이해를 잘한 것 같았다.

분수의 곱셈을 처음 배울 때는 어려웠는데 단원이 끝날 때가 되니 이제 어느 정도 이해할 수 있게 되어서 기분이 좋다. 힘들었지만 2단원이 끝나서 뿌듯하다.

_ ○○초등학교 5학년 강○○

오늘 수학 시간에는 1보다 작은 분수를 1로 만드는 방법을 새롭게 알게 되었다. 오늘 풀이한 문제 중에서 그림과 식을 이용하여 문제를 풀이하는 부분이 가장 헷갈려서 기억에 남는다. 나는 학원에서 이 단원을 이미 끝내고 다른 단원으로 넘어갔는데 오늘 수학 시간에 수학책을 풀어보니 내가 아직 모르는 게 많다는 생각이 들었다.

나는 내가 풀이하는 부분을 끝낸 다음 친구의 문제 풀이를 도와줬다. 그다음 그 친구에게 내가 만든 두 문제를 풀어보게 했다. 내가 친구에게 낸 문제는 계산 결과를 어림하여 등호와 부등호를 써넣는 문제와 풀이 과정과 답을 쓰는 분수의 곱셈 문제였다.

내가 수학 일기를 쓰면서 떠오른 생각이 있는데 그것은 바로 분

수의 곱셈식에 알맞은 문제 만드는 걸 조금 더 연습해보고 싶다

는 것이다.

_ ○○초등학교 5학년 전○○

오늘 푼 문제 중에서 내가 정말 어렵게 푼 문제가 있는데 이 문

제가 가장 기억에 남는다. 사실 나는 그렇게 똑똑하지 않아서 많

이 어려워했지만, 친구들이 도와줘서 좋았다. 나도 수학을 더 잘

하고 싶다.

하지만 나도 잘하는 게 있다. 오늘 문제를 풀 때 내가 가장 잘하

는 곱셈이 생각났다. 집에서도 수학 문제만 풀면 머리가 잘 안

돌아가는 느낌인데 오늘부터는 집에서 수학 공부하는 시간을 좀

가져야겠다. 그리고 오늘 친구들이 서로 도와주겠다고 해서 정말

고마웠다. 오늘도 고마웠어, 친구들!

(선생님, 오늘 다 못 푼 문제는 집에서 마저 풀어오겠습니다.)

_ ○○초등학교 5학년 김○○

수학 일기가 주는 장점이 분명하지만, 아직 쓰기에 어려움이

있는 초등학교 저학년 학생들에게는 간단한 수준에서 수학 일기를 도입하는 게 좋습니다. '한 줄 수학 일기, 두 줄 수학 일기'처럼 말이죠. 자기 생각을 글로 적는 데 어려움이 없어지게 되면 차츰 분량을 늘려갑니다. 반대로 수학 일기 쓰기를 수월하게 할 수 있는 고학년 학생들이라면 앞서 소개한 질문에 얽매이지 않아도 괜찮습니다. 이런 학생들은 창의적인 방법으로 자기 생각을 표현할 기회를 주면 날개를 달고 날아다닙니다. 예를 들어 수학 만화, 수학 노랫말, 수학 랩, 수학 편지, 수학 소설과 같은 형식으로 말입니다. 일기를 꼭 글로만 써야 한다는 고정관념을 벗어버리는 것도 좋습니다. 글과 그림을 함께 기록하여 수학에 대한 흥미가 깊어진다면 그것 또한 훌륭한 수학 일기라고 할 수 있으니까요.

저는 오늘도 무심코 시작하게 된 수학 일기 쓰기가 세계적인 수학 소설의 모태가 되지 않을까 하는 생각을 하며 아이들에게 수학 일기 쓰기를 권하고 있습니다.

작은 성공으로
수학 자신감 키우기

요즘 출판계에서는 '하루 한 장'이라는 키워드가 뜨거운 감자입니다.

하루 한 장 속셈, 하루 한 장 연산

하루 한 장 글쓰기, 하루 한 장 독해

하루 한 장 한자, 하루 한 장 한국사

하루에 한 장이라는 분량은 부담스럽지 않은 작은 단위입니다. 하루 한 장이라는 키워드가 '딱히 하고 싶진 않지만, 하루에 한 장 정도라면 할 수 있겠는데?'라는 자신감을 불러일으켜 주기도 하고요. 더불어 부담되지 않는 양이다 보니 매일 해나갈 수 있을 것 같은 용기도 생깁니다. 그런데 이 두 가지 이유 외에도 '하루 한 장'이라는 단어 속에는 위대한 변화를 만들어줄 희망의 씨앗이 숨겨져 있습니다. 그건 바로 작은 성공을 이룰 수 있는 기회를 제공해준다는 것입니다.

작은 성공의 힘

"작은 성공이 모여 큰 성공을 만든다"는 말은 습관 설계 전문가들 사이에서 자주 인용되는 말입니다. 작은 성공을 통해 자신감을 얻고, 이 자신감으로 새로운 도전을 하고, 새로운 도전에서 다시 성공하고, 또다시 도전하고……. 이런 과정을 거치며 큰 성공까지 이루게 된다는 것이죠. 너무 이상적인 이야기 아니냐고요? 저도 처음엔 그렇게 생각했습니다. 하지만 책에서만 보던 이 개념을 저는 우리 반 교실에서 경험해봤습니다.

제가 초등학교 4학년 담임을 했을 때 저희 반에 은정이라는 학생이 있었습니다. 수학 단원평가를 보면 50~60% 정도 풀어내는 학생이었죠. 나머지 40%의 문제는 어렵다고 생각해서인지 풀어보려는 시도조차 하지 않았습니다.

어느 날 은정이가 저를 찾아와 이렇게 말했습니다.

"선생님, 수학을 잘하고 싶은데 어떻게 하면 잘할 수 있어요?"

사실 초등학교 4학년 중에 이런 질문을 교사에게 던지는 학생은 흔치 않습니다. 그래서 은정이 나름의 절실한 이유가 있는 모양이다 싶었죠. 저는 이렇게 대답해줬습니다.

"하루에 한 장씩만 꾸준히 풀면 돼. 그리고 한 장을 풀어낸 나 자신을 매일 축하해주면 되고."

제 이야기를 들은 은정이는 믿기지 않는 모양이었습니다.

"하루에 한 장만 풀면 수학을 잘할 수 있다고요? 에이 선생님, 거짓말하지 마세요. 많이 공부해야지 잘할 수 있는 거잖아요."

제 말을 믿지 않는 은정이에게 이렇게 말해줬습니다.

"정말이라니까. 하루에 한 장씩 꾸준히 하는 것도 엄청 어려운 거야. 일단 일주일만 해보고 그다음에 이야기해볼까?"

은정이의 하루 한 장 수학 문제 풀기는 이렇게 시작되었습니다.

그로부터 일주일이 지난 다음 은정이와 다시 이야기를 나눴습니다.

"은정아, 매일 한 장씩 수학 문제를 풀어보니 어때?"

은정이가 대답했습니다.

"생각했던 것보다 힘들었어요. 하루 한 장이라서 쉽게 할 수 있을 것 같았는데, 매일 하는 게 어렵더라고요."

스스로 축하해주는 과정에 대해서도 물었습니다.

"선생님이 말했던 축하해주는 건 했니?"

은정이가 대답했습니다.

"아니요. 그냥 한 장을 풀고 나면 빨리 다른 걸 하고 싶어서 축하해주는 건 안 했어요."

이 방법에서 축하해주는 과정은 가장 중요한 요소인데 그걸 빠뜨린 것 같아서 다시 한 번 이야기해줬습니다.

"하루 한 장을 풀어낸 나 자신을 칭찬해주고 축하해주는 건 아주 중요한 거야. 어떤 식으로든 좋으니까 다음 주부터는 꼭 열심히 한 은정이를 축하해주는 시간을 가져봐! 이번에도 일주일 뒤에 이야기해볼까?"

은정이가 대답했습니다.

"아니요, 선생님. 일주일을 꾸준히 해보니까 더 길게도 할 수 있을 것 같아요. 이번에는 2주? 아니 3주 동안 꾸준히 해볼게요."

그렇게 3주가 지나고 은정이와 다시 이야기하게 되었습니다.

"은정아, 3주 동안 하루 한 장씩 꾸준하게 수학 문제를 풀고 축하도 해줬니?"

은정이가 대답했습니다.

"네, 그때 선생님이랑 이야기한 다음에 일주일 정도는 하루 한 장씩 푸는 게 힘들었는데, 시간이 지나니까 습관이 돼서인지 하루 한 장 푸는 게 당연하게 느껴지더라고요. 그래서 지금까지 한 달 동안 매일 한 장씩 풀었어요."

초등학교 4학년이 꾸준하게 매일 한 장씩 수학 문제를 푼다는 게 결코 쉽지 않았을 텐데 약속한 걸 이뤄낸 은정이가 기특했습니다.

"은정아, 그럼 이번에 은정이 너한테 축하도 해줬어?"

은정이가 대답했습니다.

"선생님 말씀대로 하루 한 장 문제를 푼 다음에는 10초 동안 손뼉을 치면서 '오늘도 열심히 했어'라고 칭찬해줬어요. 그런데 그렇게 하니까 기분이 좋아졌어요. 다음 날에도 문제 풀 때는 힘들었지만 손뼉을 칠 때는 기분이 좋아지더라고요. 이렇게 매일 박수로 칭찬해주다 보니 어느새 3주가 지났어요. 뭔가 손뼉을 치니까 제가 성공한 것 같고 무언가를 해낸 것 같다는 기분이 들었어요."

하루 한 장 수학 문제 풀기를 시작한 지 석 달이 지나자 은정이의 수학 성적은 몰라보게 달라졌습니다. 단원평가의 80~90%

정도를 맞았고, 나머지 10~20%의 문제도 풀지 않은 게 아니라 풀었지만 틀린 것이었습니다. 무엇보다 달라진 건 수학에 대한 자신감이었습니다. 어려운 문제를 만나도 한번 도전해보겠다고 생각하고, 이번에는 틀리더라도 언젠가는 해낼 수 있을 거라고 믿었습니다. 하루 한 장 수학 문제 풀이를 시작하기 전과 비교하자면 학습을 대하는 마음가짐 자체에 변화가 생긴 것입니다. 은정이를 통해 저는 배웠습니다. 작은 습관, 작은 성공이 학습 능력뿐만 아니라 학습에 대한 자신감까지 키울 수 있다는 사실을요.

시간이 흘러 자기계발서 한 권을 읽다 제가 적용했던 방법을 체계적으로 이론화한 연구자를 만나게 되었습니다. 미국 스탠퍼드 대학교 행동설계연구소장인 BJ 포그가 쓴 《습관의 디테일(원제:Tiny habits)》이라는 책에 제가 적용했던 방법과 비슷한 아이디어가 이해하기 쉽게 정리되어 있었습니다. BJ 포그는 아무리 작은 성공이라도 반복해서 축하하다 보면 성공했다는 느낌을 받게 되고, 이 느낌이 그 습관을 지속하게 만드는 원료가 되어준다고 주장했습니다.[30]

BJ 포그의 이론에 따르면 우리 반 은정이가 30초 동안 손뼉을 치며 스스로 축하하는 과정을 거쳤던 것이 하루 한 장씩 수학 문제를 꾸준하게 풀어갈 수 있는 동력이 되어주었단 말이죠. 그리고 은정이는 한 걸음 더 나아가 수학 문제를 푸는 것에 대한 두려움도 없어지고, 어려운 문제를 마주하더라도 겁내지 않고 도전할 수 있는 자신감을 가지게 되었습니다.

수학에서 작은 성공을 만드는 법

작은 성공이 큰 성공을 만들어준다면 우리 아이들은 어디서부터 작은 성공의 탑을 쌓아가야 할까요? 그걸 알기 위해서는 먼저 작은 성공이 무엇인지에 대한 부연 설명이 필요할 것 같습니다. 작은 성공이란 작고 간단한 행동을 해내는 것입니다. '에개, 겨우 이 정도라고?'라는 생각이 들 정도의 작은 행동입니다. '수학 세 문제, 수학 문제집 한 장, 수학 개념 한 번 설명하기'처럼 작디작은 행동이죠. 이걸 더 쪼개보면 '수학익힘책 펴기, 수학책 꺼내기'가 될 수도 있고요.

사소해 보이는 작은 행동이지만 이런 행동이 새로운 행동을 유발하는 초석이 되어줍니다. 그리고 이게 반복되면 습관이 되고요. 하루에 1%만 달라지면 인생 전체가 바뀐다는 말은 허황된

소리가 아닙니다. 실제로 자신의 분야에서 세계적인 성과를 거둔 많은 이가 작은 성공을 통해 작은 습관(Atomic habits)을 만들었고, 이 습관이 그들을 최고로 만들어주었습니다.

수학에서 자신감을 가지고 싶다면 작은 성공을 반복하면 됩니다. 초등학생에 빙의하여 지금 바로 시작해볼 만한 수학과 관련된 작은 도전 목록을 적어봤습니다.

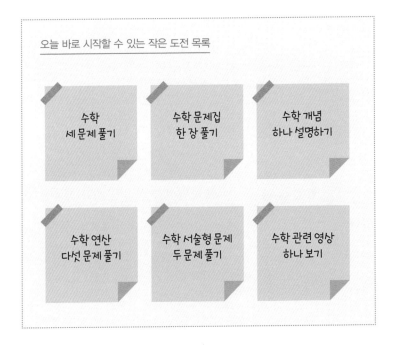

오늘 바로 시작할 수 있는 작은 도전 목록

| 수학 세 문제 풀기 | 수학 문제집 한 장 풀기 | 수학 개념 하나 설명하기 |
| 수학 연산 다섯 문제 풀기 | 수학 서술형 문제 두 문제 풀기 | 수학 관련 영상 하나 보기 |

어떻게 성공을 축하해야 할까?

BJ 포그는 그의 책에서 작은 성공을 이루는 것만큼 성공을 축하하는 과정이 중요하다고 말합니다. 정말 그런지 한번 우리의 삶에 투영해서 생각해볼까요? 생일이나 기념일, 시험 합격을 축하했던 기억을 떠올려보세요. 그때 기분이 어땠나요? 또 기념일이 되거나 시험에 합격해서 축하받고 싶다는 감정을 느끼지 않았나요?

특정한 사건이나 행동에 대한 보상이 주어지면 중추신경계에서 도파민이라는 신경전달물질이 분비됩니다. 이 도파민이 분비되는 경험을 반복하게 되면 다음에도 그 행동을 하고 싶어진다고 하죠.[31]

특정한 습관을 만드는 데 도파민이 견인차 구실을 해주는 셈입니다. 그래서 도파민을 '삶을 살아가는 에너지를 만들어주는 물질'이라고 부르기도 합니다. 누군가는 "도파민은 성취감의 원천이다"라고 말하기도 하죠.

보상은 도파민을 분비합니다. 보상의 역할을 해주는 게 축하고요. 그런데 아이들에게 막상 축하해보자고 하면 어떻게 축하해야 할지 막연해합니다. 그렇게 어렵게 생각할 필요가 없는데 말이죠. 우리 반 아이들은 이렇게 축하하고 있습니다.

- 30초 동안 축하의 손뼉 치기
- "오예! 다 했다"라고 외치기
- 스스로 머리 쓰다듬어주기
- 좋아하는 가수의 노래를 30초 듣기
- 가족/친구와 하이파이브 하기
- 가족/친구에게 "나 성공했어"라고 귓속말하기
- 습관 노트에 "이것도 성공!"이라고 쓰기
- 그리고 싶은 도형을 그려 벽에 붙이기
- 10초 동안 빙글빙글 돌기
- 손을 높이 들며 "하하하, 성공이다"라고 외치기

수학만큼은 천천히 잘하는 게 좋습니다

"엄마, 나 갑자기 수학 100점 받았어."

매번 60점만 맞던 우리 아이가 이 말을 한다면 어떤 기분이 들까요? 100점 받았다니 일단 함께 기뻐해주실 건가요? 아니면 명탐정 셜록 홈즈에 빙의해 60점이 100점이 된 이 사건의 원인을 밝혀내실 건가요?

사실 학생이든 학부모든 교사든 가릴 것 없이 누구나 꿈꾸고 있죠. 우리 아이가 수학을 잘하게 되는 그날을. 그런데 정말 수학이라는 교과를 갑자기 잘하게 될 수 있을까요?

'갑자기'는 미처 생각할 새도 없이 급격한 변화가 일어났을 때 사용하는 부사입니다. '갑자기 소나기가 쏟아졌다'나 '갑자기 날

씨가 추워졌다'처럼 말이죠. 정리해보자면 수학을 갑자기 잘하게 된다는 것은 미처 생각할 새도 없이 갑작스럽게 잘하게 된다는 뜻입니다. 느닷없이 내리는 소나기나 변화무쌍한 날씨처럼 말입니다. 여기까지만 이야기해도 느낌이 오죠? 수학을 갑자기 잘한다는 것은 불가능한 일이라는 '느낌적인 느낌'이.

앞서 이야기했던 것처럼 수학이라는 학문은 계열성이라는 특성을 가지고 있습니다. 그래서 이전에 알아야 하는 내용을 알지 못한 상태에서는 다음 내용을 이해하는 게 불가능합니다. 그러니 느닷없이 수학을 잘하게 되었다는 것은 있을 수 없는 신기루 같은 일이라는 것을 이해해야 합니다.

이걸 이해해야만 다음과 같은 '옆집 엄마의 유혹'에서 자유로울 수 있습니다.

"우리 동네에 새로 생긴 수학 학원 보냈더니 갑자기 성적이 오르더라고."

"지원이 있잖아, 맨날 4등 했었는데 이번에 학원 옮기고 갑자기 1등 했다던데?"

"이번에 수학 문제집을 바꿨더니 우리 애가 갑자기 수학 실력이 좋아지더라고."

'옆집 엄마의 유혹'에서 자유로워지지 않는다면 아마 우리 아이가 대학에 입학할 때까지 어머니를 괴롭힐 거예요. 드라마 '아내의 유혹'에서 구은재를 괴롭히던 신애리처럼 말입니다. (이 책을 읽는 분들은 다들 '아내의 유혹' 감성 맞으시죠?) 수학 문해력을 키워가는 첫걸음은 수학이라는 학문을 갑자기 잘할 수 없다는 것을 이해하는 것에서부터 시작합니다.

천천히 잘하는 게 좋습니다

물론 갑자기 잘하게 되는 경우가 있긴 합니다. 아주 가끔은요. 하지만 그런 학생들은 중학교, 고등학교에 가서 "우리 애가 초등학교 때는 잘했는데……"라는 사연의 주인공이 되는 경우가 많습니다. 기초가 탄탄하지 않은 상태에서 알고리즘을 암기하는 방식으로 얻어낸 점수가 중고등학교까지 이어지기는 쉽지 않을 테니까요.

그래서 다른 과목은 몰라도 수학만큼은 천천히 잘하는 게 좋다고 생각합니다. 학부모들과 상담하다 보면 초등학교 저학년 때부터 벌써 점수에 연연하는 경우를 적지 않게 봅니다.

"선생님, 그런데 우리 애 이번에 단원평가 몇 점 받았나요?"

"선생님, 우리 아이 수학 실력이 반에서 어느 정도나 되나요?"

학부모라면 아시다시피 초등학교에서는 수학 점수가 수치로 남지 않습니다. 학교 생활기록부에도 상중하 정도로 수준을 나누고 학생의 성취는 서술로 기록하죠. 그래서 초등학교 시절에는 점수에 연연할 필요가 없습니다. 대신 아는 것과 모르는 것은 확실히 구분해야 하지요.

따라서 학부모 상담 때 질문하는 내용도 이렇게 바뀌어야 합니다.

"선생님, 우리 애가 잘 아는 개념과 어려워하는 개념은 무엇인가요?"

중요한 건 점수보다 이해니까요. 이해에 집중하는 순간, 다른 학생들과 비교할 필요가 없어집니다. 지금까지 알고 있는 것이 무엇이고, 학교에서 배웠지만 이해하고 있지 못한 것은 무엇인지, 앞으로 알아야 건 무엇인지 등에 관심을 가지게 되면 '갑자기' 잘하는 것, '빨리' 잘하게 되는 것은 그다지 의미 없는 일이라는 걸 느낄 거예요. 무엇을 어떻게 채워 넣어야 할지를 고민하는 데 시간과 에너지를 쓰게 될 거고요.

초등학교 5학년이라 이미 늦었다고요? 늦지 않았습니다. 지금부터 천천히 채워나가다 보면 그때 내버려두거나 포기하지 않은 게 최고의 선택이라고 회상할 때를 만나게 될 거예요. 바로 내 아이가 지금까지 실력을 발휘하지 않은 다크호스(Dark horse)일지도 모른다는 믿음을 가지고 천천히 함께 걸어가 주세요.

참고 문헌

1   토마스 홉스, 신재일 역(2007). 리바이어던. 서해문집.

2   김수진(2013). TIMSS 2011 수학·과학 성취도에 대한 교육 맥락 변인의 효과. 한국교육과정평가원.

3   최지선(2017). 수학·과학 성취와 흥미에 영향을 주는 교육맥락변인 분석. 한국교육과정평가원.

4   레프 톨스토이, 연진희 역(2009). 안나 카레니나. 민음사.

5   사이먼 사이넥, 이영민 역(2013). 나는 왜 이 일을 하는가?. 타임비즈.

6   교육부(2020). 생각하는 힘으로 함께 성장하고 미래를 주도하는 수학교육 종합계획.

7   교육부(2015). 수학과 교육과정. 교육부 고시 제2015-74호 [별책 8].

8   존 듀이, 조용기 역(2015). 흥미와 노력 그 교육적 의의. 교우사. 139.

9   오타 야야(2010). 도쿄대 합격생 노트 비법. 김성은 옮김. 중앙북스.

10 양현, 김영조, 최우정(2020). 서울대 합격생 100인의 노트 정리법. 다산에듀.

11 김정운(2014). 에디톨로지. 21세기북스.

12 Walter Pauk(2013). How to Study in College. Cengage Learning.

13 김리나(2018). 초등학생 수학불안에 관한 문헌연구. 한국수학교육학회지, 21(2), 223~235.

14 대니얼 골먼, 한창호 역(2008). EQ 감성지능. 웅진지식하우스.

15 브래들리 부시, 에드워드 왓슨(2020). 학습과학 77. 교육을 바꾸는 사람들. 188.

16 Innerdrive(2021). **THE PROTÉGÉ EFFECT**. https://blog.innerdrive.co.uk/the-protege-effect (2021년 11월 1일 접속)

17 George Polya(2009). How to solve it. Ishi Press.

18 Francescocirillo(2021). The Pomodoro® Technique is organised into six incremental objectives. https://francescocirillo.com/pages/pomodoro-technique (2021년 11월 1일 접속)

19 짐 퀵, 김미정 역(2021). 마지막 몰입. 비즈니스북스.

20 교육부(2015). 초등학교 5-2학기 수학 익힘 정답과 풀이. 100쪽 변형.

21 Bill gates(2015). What you believe affects what you achieve. https://www.gatesnotes.com/Books/Mindset-The-New-Psychology-of-Success (2021년 11월 1일 접속)

22 캐롤 드웩, 김준수 역(2017). 마인드셋. 스몰빅라이프.

23 Dweck(1986). Motivational processes affecting learning. American Psychologist, 41(10), 1040~1048.

24 캐롤 드웩, 김준수 역(2017). 마인드셋. 스몰빅라이프. 22.

25 콜린 엘러드, 문희경 역(2016). 공간이 사람을 움직인다. 데케스트.

26 유용하(2018). [유용하 기자의 사이언스 톡] 80권 넘는 책, 쌓아만 둬도 아이 머리 좋아져요. 서울신문. https://go.seoul.co.kr/news/newsView.php?id=20181018023003 (2021년 11월 1일 접속)

27 Sikora, Evans, Kelley(2019). Scholarly culture: How books in adolescence enhance adult literacy, numeracy and technology skills in 31 societies. Social Science Research, 10(1), 1~5.

28 알렉산더 즈본킨, 박병하 역(2012). 내 아이와 함께한 수학 일기. 양철북.

29 Dewey(1933). How we think. D.C. Heath and company in Boston.

30 BJ 포그, 김미정 역(2020). 습관의 디테일. 흐름출판. 20.

31 같은 책. 185.